U0313788

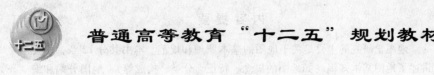

普通高等教育"十二五"规划教材

地 图 学

闫顺玺　王晓雷　张金英　吴风华　田桂娥　编

北 京

冶金工业出版社

2015

内 容 提 要

地图学研究的主要是关于地图的基本原理和规范。本书共分 12 章,主要讲述了地图基本知识(如地图的概念、特征、分类、构成等)、地图分幅和编号、地图的坐标系统、地图投影、地图概括、地图符号和地理变量、地图符号设计、普通地图内容表示、地图制作过程、计算机地图制图、遥感制图、地图复制等内容。

本书可作为地理信息系统、测绘、地理学、城市规划等专业的本科生和研究生教材,也可供以上专业及矿业、农业、林业、环境、地质、气象等多个领域的科技人员参考。

图书在版编目(CIP)数据

地图学/闫顺玺等编 . —北京:冶金工业出版社,
2015.4

普通高等教育"十二五"规划教材

ISBN 978-7-5024-6869-9

Ⅰ.①地… Ⅱ.①闫… Ⅲ.①地图学—高等学校
—教材 Ⅳ.①P28

中国版本图书馆 CIP 数据核字(2015)第 062305 号

出 版 人 谭学余
地　　址 北京市东城区嵩祝院北巷 39 号　邮编　100009　电话　(010)64027926
网　　址 www.cnmip.com.cn　电子信箱　yjcbs@cnmip.com.cn
责任编辑 张耀辉　美术编辑　吕欣童　版式设计　孙跃红
责任校对 禹 蕊 责任印制 李玉山
ISBN 978-7-5024-6869-9
冶金工业出版社出版发行;各地新华书店经销;三河市双峰印刷装订有限公司印刷
2015 年 4 月第 1 版,2015 年 4 月第 1 次印刷
787mm×1092mm 1/16;11.5 印张;274 千字;170 页
26.00 元
冶金工业出版社　投稿电话　(010)64027932　投稿信箱　tougao@cnmip.com.cn
冶金工业出版社营销中心　电话　(010)64044283　传真　(010)64027893
冶金书店　地址　北京市东四西大街 46 号(100010)　电话　(010)65289081(兼传真)
冶金工业出版社天猫旗舰店　yjgy.tmall.com
(本书如有印装质量问题,本社营销中心负责退换)

前　言

对人类个体而言，地球几乎是一个无穷大的空间，难以一窥全貌，而地图的发明和应用，是人类得以概括而全面了解地球表面的开始。

地图作为人类形象思维的一种方式，是对空间信息高度浓缩和概括的结果。学习地图学是学习空间信息可视化的表达原理和方法，其对相关学科专业课程也具有较强的辅助和支撑作用。因此，"地图学"是地理信息系统科学、地理学、测绘学、地学等学科中最重要的专业基础课之一。

本书共分为12章，其中第1章由王晓雷编写，第2~9、12章由闫顺玺编写，第10章由吴风华编写，第11章由张金英编写，书中插图由田桂娥编辑处理。全书由闫顺玺统稿和校订。

由于作者水平所限，书中不足之处，恳请广大读者批评指正。

编　者

2015 年 1 月

目　　录

1 导　论

图形作为人类传输地理信息的工具，已经存在几千年。历经几千年社会的发展，地图作为人类认识客观世界、传递时空信息的方式之一，不但没有被其他形式所代替，却随着科学技术的进步，其制作精度不断提高，表现形式更加多样，应用功能不断扩大，制图理论日趋成熟，成为生产建设、科学试验、日常生活不可或缺的工具，地图学也成为一门具有完善学科体系及由多层次地图理论组成的综合性学科。

1.1　地图的基本概念

1.1.1　地图的基本特征

地图所具有的基本特征，可以概括为四个方面：数学法则、地图概括、符号系统、地理信息载体。

1.1.1.1　数学法则

地图必须遵循一定的数学法则。地图必须准确地反映它与客观实体在位置、属性等要素之间的关系。比例尺、地图投影、各种坐标系统就成了地图的数学法则。

随着对地图特性认识的深化，人们更趋向认为地图是一种客体模型，这就使地图不仅具有欧氏几何的长度、面积的比例尺，而且还具有拓扑比例的概念。

此外，地图作为一种模型，不仅是具体而现实的图形形式，还可以以数字或数学的方式来表现。

1.1.1.2　地图概括

地图必须经过科学概括——地图概括。缩小了的地图不可能容纳地面所有的现象，地图上所表示的这些信息，是在大量的地理信息中选取某些缩小的、需要的信息加以处理，并经过人类的思维与加工而形成的。这种经过分类、简化、夸张和符号化，从地理信息形成地图信息的过程就是地图概括（图 1-1）。它反映了人们对所选取的地理信息内在的、本质的特征及联系的认识。

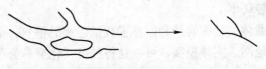

图 1-1　地图概括

地图概括的目的是使地图具有明显的一览性。

地图概括可以有两个过程：对地物进行选取、化简，使用地图符号进行抽象概括并绘制到地图上，这是第一次地图概括过程；室内编绘地图时随着比例尺缩小，必须减少地物数量，概括地物内容，这是第二次地图概括过程。

1.1.1.3　地图符号系统

地图具有完整的符号系统。地图表现的客体主要是地球。地球上具有数量极其庞大的，包括自然与社会经济现象的地理信息。只有透过完整的符号系统，才能准确地表达这种现象。制图对象的地理位置及范围、质量和数量特征、时 – 空分布规律与相互关系，均可用十分概括与抽象的符号加以表示（表 1 – 1）。作为对客观事物的抽象表示——符号，不仅可以是图形，还可以广义地理解为文字注记和数字形式。

表 1 – 1　地图符号示例

序号	名　称	图　例	序号	名　称	图　例
1	露天采掘场	石	4	油库	
2	塔形建筑物		5	粮仓	
3	水塔		6	打谷场（球场）	谷（球）

地图由于使用特殊的地图语言来表达事物，使之具有风景画和照片都无法比拟的直观性的优点。

（1）地面物体往往具有复杂的外貌轮廓，地图符号由于进行了抽象概括，按性质归类，使图形大大简化，即使比例尺不断缩小，图幅变小，也可以通过地图概括保持清晰的图形。

（2）实地上形体小而又非常重要的物体，如控制点、路标、灯塔等，在相片上不能辨认或根本没有影像，在地图上则可以根据需要，用非比例符号表示，且不受比例尺的限制。

（3）事物的数量和质量特征不能在照片上确切显示，如水质、温度、深度、人口性别、某地区的 GDP、土壤性质、路面材料、居民地的人口数和利税等，但在地图上可以设计专门的符号和注记表达出来。

（4）很多无形的自然和社会现象，如行政界线、某现象的传播路线、经纬线、磁力线、洋流等，在相片上都没有影像，地图上却可以用符号表达。

1.1.1.4　地理信息载体

地图是地理信息的载体。地图容纳和储存了数量巨大的信息，而作为信息的载体，可以是传统概念上的纸质地图、实体模型，可以是各种可视化屏幕影像、声像地图，也可以是触觉地图。

1.1.2　地图的定义

根据地图具有的上述特性，可以给地图下一个比较科学的定义：它是遵循一定的数学法则，将客体上的地理信息，通过科学地概括，并运用符号系统表示在一定载体上的图形，以传递它们的数量和质量在时间与空间上的分布规律和发展变化。

随着科学技术的进步，地图的定义不断地发展变化。例如，人们的研究对象在地球各圈层的空间不断增加，开始涉及月球及其他行星；地图的数据获取方式由于卫星和其他航天器的使用更加丰富；地图制图技术不断发展，应用领域越来越广等。为此，对地图的定义也会出现许多不同的见解。

现在，地图可以用数字的形式储存和传达，同模拟形式转化方便，可以对地图内容进行任意检索、显示和叠加。围绕这些发展，自然会产生许多的新理论、新技术，地图的定义也会不断拓展延伸。

1.1.3 地图的构成要素

地图的构成要素有：图形要素、数学要素、辅助要素及补充说明（图1-2）。

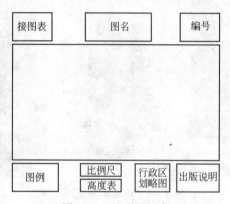

图1-2 地形图要素

（1）图形要素。它是地图所表示内容的主体，把自然、社会经济现象中需要表示为地图内容的数量、质量、空间、时间状况，运用各类地图符号表示出来而形成图形要素。地图上的各种注记也属符号系统，它们都是图形要素的组成部分。

（2）数学要素。它是保证地图具有可量性、可比性的基础。地图的数学要素主要包括地图投影、坐标系统、比例尺、控制点等。

（3）辅助要素。它说明地图编制状况并提供方便地图应用所必须的内容。大部分辅助要素被安置在主要图形的外侧。其要素包括图名、图例、地图编号、编制和出版本图的单位及时间、主要编图过程及参数。辅助要素也是保证地图完整性及地图使用中不可缺少的部分。

（4）补充说明。它是以地图、统计图表、剖面图、照片、文字等形式，对主要图件在内容与形式上的补充。

图1-2以地形图为例说明了各类要素在图面上的配置情况。

1.1.4 地图的简要制作过程

地图的获取方法包括实测成图与编绘成图。

1.1.4.1 实测成图

实测成图法一直是测绘大比例尺地图最基本的方法。其工作过程主要包括四个步骤：

首先在国家控制网点的基础上进行扩展，加密成实测地图所需的图根控制点或网；其次以图根控制点为标准，对实际地物的平面位置及高程进行测量；然后转入内业，对图件进行整理、清绘；最后制作成地图（图1-3）。

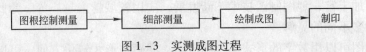

图1-3 实测成图过程

实测的方法可以分为地面和高空两种：

（1）地面实测。以前测量主要使用平板仪、经纬仪，现在基本采用全站仪，将野外点位的各种数据在实测的同时一起输入仪器内由计算机储存、计算，使成图工作量大为减轻，精度大为提高（图1-4）。

图1-4 地面实测成图仪器

（2）高空实测。主要手段是航摄成图，通过航摄仪器获得地面影像后，转入室内进行各种处理，并对实地调绘后形成地图（图1-5）。

这是目前由政府专业机构进行大比例尺地图测绘的主要方法。

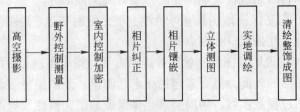

图1-5 航摄成图过程

1.1.4.2 编绘成图

A 传统编绘成图

传统的编绘成图法是把实测所得的大比例尺地图，根据需要逐级缩小，编制成各种较小比例尺的地图。其主要过程可分为编辑准备、编绘、清绘、制印四个步骤。此方法工作量繁重，成图周期长。

B 遥感制图

遥感制图信息源一般是卫星遥感的数据或影像。主要工作过程：资料准备→图像处理→图像判读→地图要素转绘→清绘整饰→地图制印。

与传统的编制地图相比，遥感制图具有以下优点：为地图资料增加了可靠的信息源；突破了只能从大比例尺逐渐缩小制成较小比例尺地图的成图程式，而可以从小比例尺的影像经过适度放大形成较大比例尺的影像后成图；目前，遥感制图从图像处理一直到地图制印都可运用计算机进行，并与 GIS 等结合而成为计算机制图工艺的组成部分。

C　计算机制图

计算机制图工作过程可概括为四部分：数据获取及输入→数据处理→图形显示与输出→地图制印。

1.2　现代地图的类型、功能与应用

1.2.1　地图的类型

凡是具有空间分布的任何事物和现象，不论是自然要素还是社会现象，不论是具体客观存在的事物，如道路、河流，还是抽象假设的概念，如宗教信仰，都可以以地图的形式加以表现。地图可以按照它所表达的现象、比例尺大小、符号的特点、载体的不同、年代的不同等从多种角度进行分类。

1.2.1.1　按图型分类

地图按图型分类，有普通地图与专题地图之分。

A　普通地图

普通地图是表示自然地理和社会经济一般特征的地图，它并不偏重某个要素。其基本要素包括：水文、地形、交通网、居民地、境界、土质、植被及一些常用的社会、经济、文化要素。

普通地图按内容的概括程度、区域及图幅的划分状况分为地形图和地理图。

（1）地形图——比例尺大于 100 万的普通地图，是国家按照统一的数学基础、图式图例，统一的测量和编图规范要求，经过实地测绘或根据遥感资料，配合其他有关资料编绘而成的一种普通地图。我国把 1:5000、1:1 万、1:2.5 万、1:5 万、1:10 万、1:25 万（原 1:20 万）、1:50 万、1:100 万八种比例尺的地形图定为国家基本比例尺的地形图。

（2）地理图——比例尺小于 100 万、概括程度比较高的一种普通地图，可以比较全面地反映制图区域的自然和社会经济的一般面貌，如地形、水系、居民地、交通网、境界、土质、植被等现象。

B　专题地图

专题地图是着重表示一种或几种主题要素及它们之间互相关系的地图。主题要素可以为普通地图固有的内容，也可为专业部门需要的内容。主题要素详细表示，其他要素视主题要素需要作为地理基础选绘。

专题地图按内容的专题性质又可以分为自然地图、人文地图及其他专题地图。

1.2.1.2　按比例尺分类

地图比例尺的大小决定着地图内容表示的详细程度、一幅地图包括的制图范围以及地图量测的精度。目前，我国把地图按比例尺划分为下面几类：

（1）大于等于 1:10 万比例尺的地图，称大比例尺地图。

（2）小于1∶10万、大于1∶100万比例尺的地图，称中比例尺地图。

（3）小于等于1∶100万比例尺的地图，称小比例尺地图。

也有个别部门对大、中、小比例尺的划分方式与上述有所不同。如城市规划及其他工程设计部门常把比例尺大于1∶1万的地图称为大比例尺地图，1∶1万至1∶5万的地图称为中比例尺地图，小于1∶5万的为小比例尺地图。

1.2.1.3　按区域分类

地图制图的区域范围可按自然区域和行政区域两方面划分：

按自然区域范围从整体到局部、从大到小进行分类可以包括多个层次：星球图或全球地图；半球地图，如东半球地图、西半球地图、南半球地图、北半球地图；亚洲、欧洲、非洲等大洲地图；大洋地图，如太平洋地图、大西洋地图、印度洋地图等；还有局部区域地图，如青藏高原地图、华北区域地图、四川盆地地图、黄河流域地图等。

按行政区域可分为国家地图以及下属的一级行政区、二级行政区以及更小的行政区区域地图，如世界地图、国家地图、省（自治区、直辖市）地图、市（县）地图和乡镇地图等。

1.2.1.4　按地图的视觉化状况分类

地图按视觉化状况分类可有实地图与虚地图。实地图是空间数据可视化的地图，包括纸介质和屏幕地图。它是将地图信息经过抽象和符号化以后在指定的载体上形成的。虚地图指存储于人脑或电脑中的地图，前者即为"心象地图"，后者即为"数字地图"。实地图和虚地图可相互转换，如屏幕地图与存储在磁带上的数字地图。

1.2.1.5　按地图的瞬时状态分类

地图按瞬时状态可分为静态地图和动态地图。静态地图所表示的内容都是被固化的，以静态地图来反映动态事物，可以借助于地图符号的变化或同一现象不同时相静态地图的对比来实现。动态地图是连续快速呈现的一组反映随时间变化的地图，只能在屏幕上以播放的形式实现。

1.2.1.6　按地图维数分类

地图按维数分类可有平面地图及立体地图。平面地图即二维地图，是我们平时使用的纸质或屏幕地图。目前，在三维地图基础上利用虚拟现实技术，通过头盔、数据手套等工具，形成了一种称为"可进入"地图的新品种，能让使用者产生亲临其境的感觉。

1.2.1.7　按其他指标分类

除前述分类外，地图还可按用途、语言种类、出版和使用方式、地图感受方式、历史年代划分。

1.2.2　地图的功能

地图的功能从总体上可归纳为认知功能、模拟功能、信息载负功能、信息传递功能等几个方面。

1.2.2.1　认知功能

地图的认知功能主要体现在空间认知方面。空间认知是指人们认识自己赖以生存的环境中诸事物和现象的相关位置、依存关系、变化和规律。地图不仅是对空间环境的模拟和空间信息存储的载体，它还是人们认知环境的重要工具，而且是最有效的工具。

制图者从复杂的未经组织的外部环境中选取、抽象和组织空间信息，把它们转变为有组织的知识结构，并采用易被感知的可视化形式产生地图；用图者通过识别不同的符号形式与组合关系，在其头脑中重构空间关系，借助于内在的空间认知能力转化为用图者关于环境的认知。这是人们通过地图获得空间认知的一个完整过程，也说明了地图不仅是地学工作者记录研究成果的手段，也是人们认识世界的工具。

地图适合人的图解感受能力。尽管人脑感受、存储和处理空间信息的机制还不是十分清楚，但实践证明了这种功能的存在。为了取得更好的认知效果，地图工作者建立了地图感受论，运用心理学和生理学上的一些理论来探讨地图认知过程，为最佳的地图表现形式提供科学的依据。地图认知功能具体表现为以下几个方面：

（1）可以组成整体、全局的概念，也就是确立地理信息明确的空间位置和相互关系。例如，湖南省普通高校分布分散而复杂，依靠语言或文字描述，无法构成整体分布状况的概念，而通过绘制专题地图，就非常形象直观，如图1-6所示。

（2）提供空间分布物体和现象的尺寸、维数、范围等概念。可以通过地图形成正确的对比、图形感受及制图对象空间立体分布和时间过程变化，也就是获得物体所具有的定性及定量特征（图1-7）。

（3）建立地物与地物或现象与现象间的空间关系。可以通过地图反映现象间的物质流动或其他的相互影响情况，如可以反映土壤和植被的关系、地质条件和地震的关系、某种货物在各地的流动情况等。

（4）易于建立正确的空间图像。一些固有的认知可能使我们对现象的空间位置或形状产生错误的理解，通过地图能够帮我们纠正错误的认识。

1.2.2.2 模拟功能

模型与它表示的对象具有相似性，有物质模型与概念模型之分。

地图特别是表示各种基本地理要素（如河流、道路等）的普通地图，可以直观地感受到其是制图区域的一种实体模型。

概念模型是对实体的一种概括与抽象，它又可分为形象模型与符号模型。形象模型是运用思维能力对客观存在进行的简化与概括；符号模型是运用符号和图形对客观存在进行简化和抽象的过程。地图兼具这两方面的特点，被视为是一种形象-符号模型。大部分专题地图尤其是表示统计数据等为主的社会经济地图多为概念模型（图1-8）。

作为一种时空模型，地图还在科学预测中发挥作用，如气象预报、灾害性要素的变迁及过程预测。

1.2.2.3 信息的载负功能

地图能容纳和储存的信息量是十分巨大的，是空间信息的理想载体。

地图信息由直接信息和间接信息两部分组成：直接信息是地图上用图形符号直接表示的地理信息，如道路、河流网、居民点等；间接信息是经过分析解译而获得有关现象或物体规律的信息。磁介质相比于纸介质的地图，能储存更多的地理信息。

1.2.2.4 信息的传递功能

地图是良好的空间信息传递工具，因为信息的另一个重要特征是具有可传递性。

地图信息的传输是从编图到用图、从编图者到用图者之间信息传递的全过程。

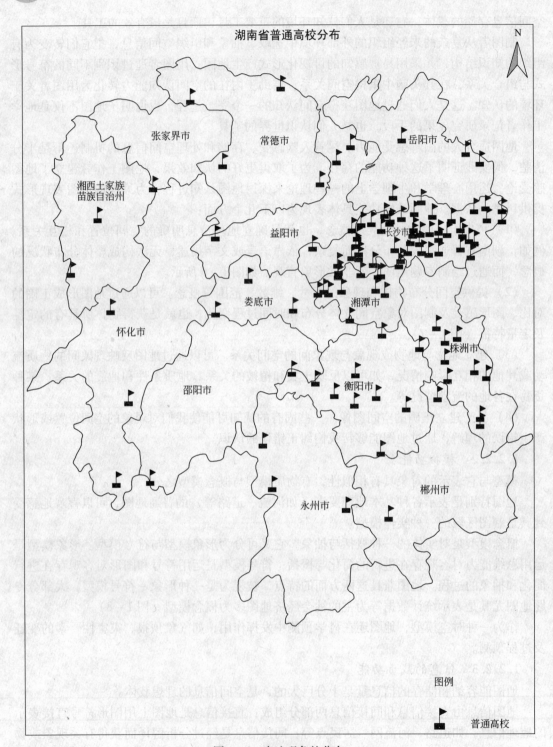

图1-6 表达现象的分布

为了发挥地图信息传递功能，编图者需要深刻认识制图对象，充分利用原始信息，考虑用图者的需求，将信息加工处理，运用地图语言——地图符号，通过地图通道，把信息准确地传递给用图者。而用图者必须熟悉地图语言，运用自己的知识和读图经验，结合地

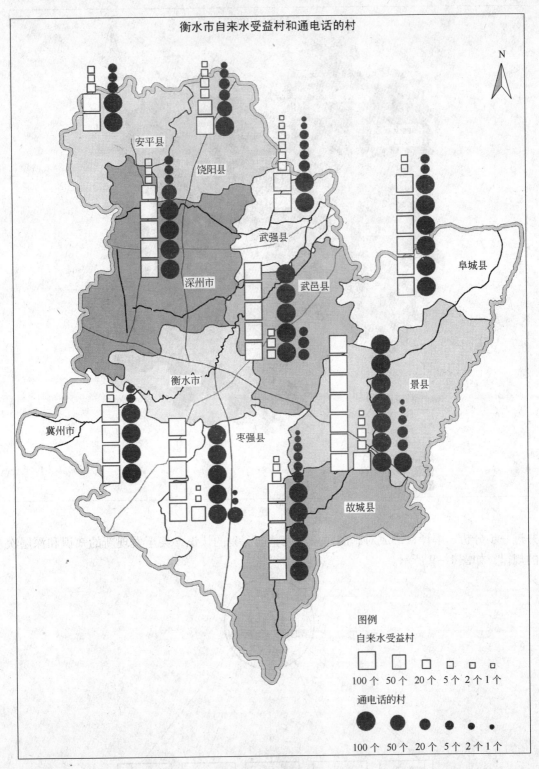

图1-7 表达数量特征

图图例和相关说明信息，深入阅读分析地图信息，正确接受编图者通过地图传递的信息，

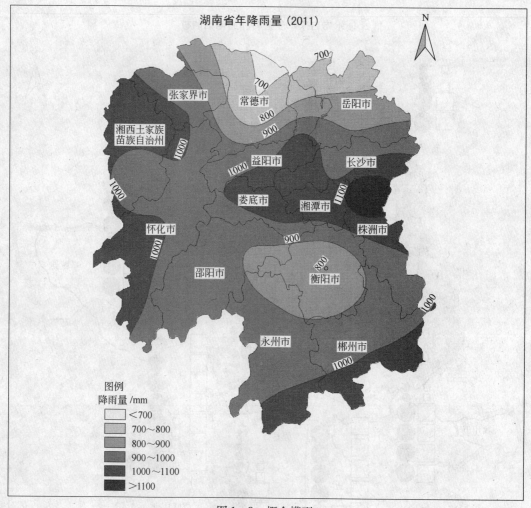

图 1-8　概念模型

并进一步分析、解译，形成对制图对象更完整而深刻的认识，甚至发现新的知识和深层次的规律，如图 1-9 所示。

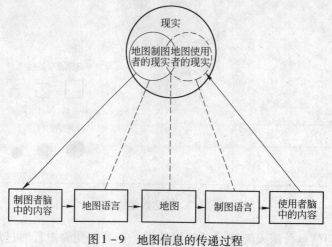

图 1-9　地图信息的传递过程

1.2.2.5 其他功能

（1）通过利用地图建立各种剖面图、断面图等图表，可以获得对象的空间立体分布或现象随时间变化的过程。例如，地质剖面图可以反映地层变化，土壤和植被剖面图可以反映土壤与植被的垂直分布。

（2）运用概率分析、聚类分析等数学方法进行地图分析，可以获得各种现象的属性及其属性的发展变化。

（3）通过对地图上的现象地图量算，可以获得制图对象的长度、宽度和面积等数据。例如，通过量算某地区所有道路的长度和该地区面积，就可以计算出该地区的道路网密度。

总之，发挥地图的各项功能，就有可能认识规律，从而进行综合评价，为区域的区划规划、现象的预测预报、政府部门的政策制定、军事部门的指挥管理等提供辅助决策。

1.2.3 地图的应用

由于地图具有多方面的功能，所以地图在经济建设、国防建设、科学研究、文化教育、政治活动、日常生活等各个领域都得到高度重视和极其广泛的应用，正在许多学科、各个部门和我们生活的方方面面的分析评价、预测预报、规划设计、决策管理、日常出行以及宣传教育中发挥重要作用。

1.2.3.1 经济建设

国家经济建设和社会发展必须充分合理地利用自然条件和自然资源，改造不利的自然因素。要利用和改造自然，首先必须全面了解自然，摸清各种自然条件和自然资源。因此必须测制出全国范围的大、中比例尺地形图，对全国的地质情况、植被覆盖、土壤类型、矿产资源分布和储量、土地类型、水资源、森林资源等进行调查，根据调查结果最终编制出各种不同比例尺和不同内容的地图，如地形图、地质图、水文图、海洋图、土地利用类型图等。这些图件都成为中央和地方各部门分析研究全国和各地区自然条件与自然资源，制定开发利用和经济建设长远规划的重要科学依据。

除此以外，城市、工矿、交通、水利等基本建设的进行也都离不开地图的指导，从选址、选线、勘测设计到最后施工建设都离不开地图。例如工厂的选址，要考虑地形、坡度、地质条件、人口、气候、水文以及交通等多方面因素，往往先通过对各种专题地图的分析，再经过勘测和绘制大比例尺地形图来指导最终的选址。

地图是进行城市规划、居民地布局和地籍管理的重要工具，不管是短期还是中长期城市规划，都要编制成地图，指导城市的建设工作。

地图在农业生产方面的应用也十分广泛，如荒地开垦、沙漠治理、旱地灌溉、水土保持、防洪排涝、盐碱地改良、大规模的改造自然工程等，都离不开地图。

1.2.3.2 科学研究

地图将广大的范围缩于一张或若干张图纸上，用来研究各种自然和人文现象的分布特点、相互联系、发展形势等极为方便，成为科学研究及实践活动的工具，例如：

（1）地图是地质勘查和地理考察的基本工具，从路线选择到最终考察结果标定都离不开地图。

（2）从地图上可以发现某些地理规律，如从地图引发"大陆漂移学说"的建立，由地图上研究北京城区的拓展等。

（3）将地震区的地质条件、震源、震级等地震信息编制成地图，可以用来分析地震的影响、成因，也可以用于地震预测。

（4）作为地理底图，将要研究的各种专题要素绘制到地图上，可以研究专题分布规律、动态变化及相互联系，得到重要的研究结论，做出综合评价或做出预测预报，如可以将某种传染性疾病的分布范围绘制成地图，研究这种疾病的诱因和地理分布规律。

地图既可以用于科学研究，也可以作为科学研究成果的一种独立的表达形式。

1.2.3.3 国防建设

地图是现代战争的重要工具之一，据不完全统计，第二次世界大战期间仅苏联一个国家消耗的地图就达五亿多张。现代条件下的战争，地图的作用和用量将更大。首脑机关决策战略方针，中级指挥员制定战役计划，基层指挥员指挥具体的战斗行动，都无法离开地图。

1.2.3.4 政治活动、文化教育、日常生活

地图是进行思想政治教育的有力工具，还是国际政治和对外关系的重要工具与依据。国界及各级行政境界的画法与位置、地名的标识方法等都会反映出一个国家的主权和政治立场。

在教学活动中特别是地理教学中，地图更是绝不可忽视的重要教学手段。

在日常生活中，也都离不开地图，需要运用一定的地图知识。

1.3 地图学的定义及学科体系

1.3.1 地图学的定义

地图学脱胎于测量学与地理学，于近代形成一门科学体系，不同时期随着科技发展，促进了地图科学的结构和体系的变化，丰富和加深了地图学的内涵，加速了对地图学定义的不断修改与更新。

按照传统的意义，地图学是研究地图的实质与发展，同时也是研究地图编制与复制的科学。

国际地图学会（ICA）（1973）认为，地图学是制作地图的艺术、科学和技术，并把地图作为科学文件和艺术作品进行研究。在这个意义上，地图可以看作是以任何比例尺表示地球或任何量体的包括所有类型的地图，平面图、航图、三维模型和地球仪。《辞海》（1980）中对地图学的定义是"地图学是研究地图及其制作的理论、工艺技术和应用的科学"。

我国一些地图学者认为，地图学已跨越地理学、数学、计算机、测绘、遥感、社会科学等多个领域，具有综合科学的性质，所以，对地图学所下的定义是"地图学是以地图信息传递为中心，探讨地图的理论实质、制作技术和使用方法的综合科学"。

1.3.2 地图学的结构及学科分支

地图学在其逐步发展成具有独立学科体系的过程中，所包括的学科组成结构也在不断地变化与组合。

早期的地图学由数学地图学、地图编制学、地图制印三个分支学科组成，继而又发展成为地图概论、数学制图学、地图编制学、地图整饰学、地图制印学五个分支学科。

自 20 世纪 70 年代起运用信息论的观点研究地图信息传递的特点，提出了地图学领域分为理论地图学与应用地图学两个基本部分。

我国地图学者对地图学结构体系的观点是，地图学是由地图理论（理论地图学）、地图制作的方法与技术研究（地图制图学）、地图应用（应用地图学）这三方面的分支学科所组成。

其中，理论地图学又包括：地图学概念、地图信息理论、地图模型理论、地图传输理论、数学地图学、地图符号学、地图感受理论、制图综合理论、综合制图理论。

地图制图学包括：普通地图制图学、专题地图制图学、遥感制图学、机助制图学、地图制印学。

应用地图学包括：地图的基本功能、地图的评价、地图分析的方法论、地图分析利用步骤、地图分析利用方法、地图信息自动分析与处理、地图的实际应用。

1.3.3 地图学与相关学科的关系

地图学在长期发展过程中，曾与测量学、地理学有着十分紧密的关系。

测量学一直是地图的信息来源。

地理学及其各分支学科都把地图作为自己的第二语言，并视之为成果表达的重要方式。

色彩学与美学的应用，是决定地图作品艺术性的基础。其对符号系统、图面配置的影响无所不在，能直接影响地图作品的品种、数量、质量以及地图的易读性。

心理学的作用更不能低估，它直接促成了色彩学、符号学、感受理论等在地图学中产生深层次的影响。

信息论、系统论、传递理论等也开始介入地图学领域，为地图学各种基础理论及应用理论的形成提供了有利的工具。

数学一直是促进地图学形成独立学科体系的重要因素，数学对地图学的发展，特别是在各种数据的处理、数学模型的建立、地图应用分析的定量化等方面发挥了更大的作用。

遥感技术与地图学的结合，极大地提高了地图信息源的数量与质量，形成了新的成图方法。

计算机技术对地图学有着深刻影响。它空前扩大了可能制图的领域，增加了地图内容的深度，提高了制图生产的效率。计算机技术对地图的介入程度，甚至成了地图学现代化的一个重要标志。

地图学与地理信息系统有着密不可分的关系。它们都是空间信息处理的科学，只是地图学更强调图形信息的传输，而 GIS 则更强调空间数据处理与分析。可以认为，GIS 是地图学在信息时代的发展，是地图学理论、方法与功能的延伸。

重要内容提示

1. 地图、地图学的定义；
2. 地图的基本特征；
3. 测绘编制地图的方法；
4. 地图的构成和作用；
5. 地图的分类（按内容分类、按比例尺分类等）；
6. 地图的功能。

思考题

1-1 简述地图与地图学的概念。
1-2 试述数字地图、电子地图的含义、联系与区别。
1-3 地图按内容和比例尺是如何分类的？
1-4 什么是国家基本比例尺地形图？
1-5 地图的构成要素包括哪些？
1-6 测制地图的方法分为哪两类？简述各自的过程。
1-7 你认为地图学的学科体系怎样才较为科学和完整？
1-8 地图学同其他学科有什么联系？
1-9 地图学的学科重点转移有哪些方向？

2　地图分幅与编号

2.1　地图的分幅

地图有两种分幅形式：矩形分幅和经纬线分幅。

2.1.1　矩形分幅

每幅地图的图廓都是矩形。矩形分幅的分幅线为直线，每幅图的大小根据地图的总尺寸、纸张和印刷机的规格等因素而定。矩形分幅又可分为拼接的和不拼接的两种。

拼接使用的矩形分幅是指相邻图幅有共同的图廓线，使用时可按共用边拼接起来（图2-1）。墙上挂图和比例尺大于1:2000的地形图多用这种分幅形式，新中国成立前我国的1:5万地形图也曾用过这种方式分幅。

不拼接的矩形分幅是指图幅之间没有共用边，每个图幅有相应的制图主区，各分幅图之间常有一定的重叠，而且有时还可根据主区大小变更地图的比例尺（图2-2）。地图集中的分区地图常这样分幅。

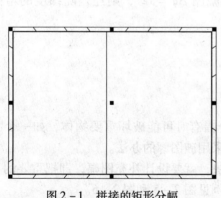

图 2-1　拼接的矩形分幅

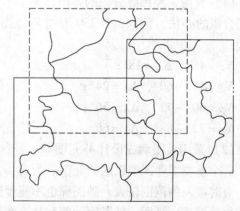

图 2-2　不拼接的矩形分幅

矩形分幅的形式，图幅间结合紧密，便于拼接使用，各图幅的印刷面积可以相对平衡，有利于充分利用纸张和印刷机的版面；可以使分幅有意识地避开重要地物，以保持图形在图面上的完整。但是矩形分幅的形式要求整个制图区域只能一次投影制成，图形的地理位置不易准确描述。

2.1.2　经纬线分幅

地图的图廓由经纬线构成。这是当前世界各国地形图和大区域的小比例尺分幅地图所采用的主要分幅形式，如图2-3所示。

经纬线分幅中，每个图幅都有明确的地理位置概念，因此适用于很大范围的地图分幅。经纬线被描绘成曲线时，图幅的拼接不方便；随着纬度的升高，相同的经纬差所限定的面积不断缩小，因而图幅不断缩小，这不利于有效利用纸张和印刷机的版面，经常会破坏重要物体的完整性（图2-4）。

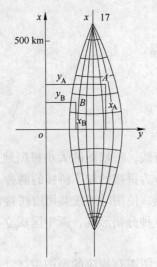

图2-3　经纬线分幅

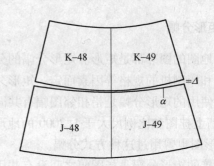

图2-4　经纬线分幅的相邻图幅

为减少由经纬线分幅本身带来的缺陷，可采用的方法是：

（1）合幅。经纬线分幅的地图，为了不使图廓尺寸相差过大，当图幅尺寸过小时可以采用合幅的办法。例如，1:250万世界地图，每幅图 $\Delta\varphi = 12°$，则经差随纬度的增高而加大：

$N\varphi = 48°$，$\Delta\lambda = 18°$；

$N\varphi = 48° \sim 60°$，$\Delta\lambda = 24°$；

$N\varphi = 60° \sim 72°$，$\Delta\lambda = 36°$；

$N\varphi = 72° \sim 84°$，$\Delta\lambda = 60°$。

（2）采用破图廓或设计补充图幅。经纬线分幅有时可能破坏重要物体，如一个大城市、一个重要工业区或矿区的完整。为此，常常采用破图廓的办法。

有时涉及的范围较大，破图廓也不能很好解决，就要设计补充图幅，即把重要的目标区域单独编成一张图。破图廓示例和补充图幅示例见图2-5和图2-6。

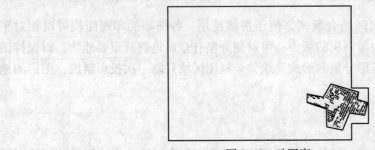

图2-5　破图廓

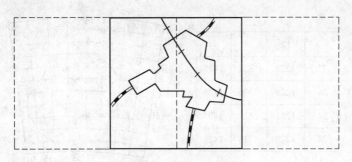

图 2 – 6　补充图幅

（3）设置重叠边带。为克服经纬线分幅地图的拼接不便问题，常采用一种带有重叠边带的经纬线分幅。其特点是以经纬线分幅为基础，把图廓的一边或数边的地图内容向外扩充，造成一定的重叠边带。

图 2 – 7 为我国 1:100 万世界航空图分幅示例。该图为经纬线分幅，地图内容向三个方向扩展，构成重叠边带，东、南方扩充至图纸边，西边扩充至一条与南图纸边垂直的纵线，只有北边的图廓保持原来的形状。这样，拼图时就可以不受纬线曲率的影响，也可以不用折叠，便于使用。

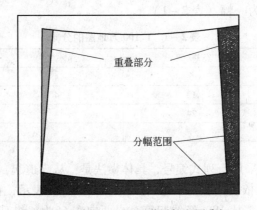

图 2 – 7　我国 1:100 万世界航空图分幅

2.2　地图的编号

地图常见的编号方法有自然序数式、行列式、行列 – 自然序数式等。

自然序数编号法是将分幅地图按自然序数编号，小区域的分幅地图或挂图（普通地理图、专题地图等）常用这种方法编号（图 2 – 8 左侧图）。

行列式编号法是将制图区域划分为若干行和列，并相应地按数字或字母顺序编上号码，行和列号码的组合即为编号，大区域的分幅地图用此编号法（图 2 – 8 右侧图）。

行列 – 自然序数编号法是将行列式编号法和自然序数式编号法相结合的编号方法。世界各国的地形图多采用此方式编号，即在行列式编号的基础上，用自然序数或字母代表详细划分的较大比例尺地图的代码，两者结合构成相应分幅地图的编号。也有少数国家的地形图是在自然序数编号法的基础上，结合使用行列编号法。

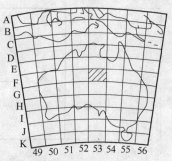

	12	13	14
25	1225	1325	1425
26	1226	1326	1426
27	1227	1327	1427
28	1228	1328	1428

图 2 - 8　自然序数编号法和行列式编号法

2.3　国际 1∶100 万地图的分幅与编号

国际 1∶100 万地图的标准分幅是经差 6°和纬差 4°。

由于随着纬度增高地图面积迅速缩小，所以规定在纬度 60°~76°之间双幅合并，即每幅地图包括经差 12°，纬差 4°。

在纬度 76°~88°之间四幅合并，即每幅图包括经差 24°，纬差 4°。

纬度 88°以上单独为一幅（表 2 - 1）。

表 2 - 1　1∶100 万地图的分幅

分　幅	经差/(°)	纬差/(°)	纬度区间/(°)
标准分幅	6	4	<60
双幅合并	12	4	60 ~ 76
四幅合并	24	4	76 ~ 88
单独为一幅			纬度 88°以上

国际 1∶100 万地图采用行列式编号，具体做法是：从赤道起，纬度每 4°为一行，至南北纬 88°各为 22 横行，依次用罗马字母 A，B，C，…，V 表示，行号前分别冠以 N 和 S，以区别北半球和南半球；从 180°经线起算，自西向东 6°为一纵列，将全球分为 60 纵列，依次用 1，2，3，…，60 表示。"行号 - 列号"相结合，即为该图编号。例如，北京所在的 1∶100 万地图的编号为 NJ - 50。高纬度的双幅、四幅合并时图号也合并写出。例如，NP - 33，34；NT - 25，26，27，28。

2.4　我国基本比例尺地形图的分幅与编号

2.4.1　20 世纪 70 ~ 80 年代的分幅与编号

1∶100 万地图是我国基本比例尺地形图分幅和编号的基础，如图 2 - 9 所示。20 世纪 70 年代以前是以 1∶100 万为基础，延伸出 1∶50 万、1∶20 万和 1∶10 万三个系列。70 ~ 80 年代用 1∶25 万取代了 1∶20 万后，则在 1∶100 万基础上延伸出 1∶50 万、1∶25 万、1∶10 万三种系列（图 2 - 10）。在 1∶10 万以后又分为 1∶5 万、1∶2.5 万一支及 1∶1 万一支（图 2 - 11 和图 2 - 12）。

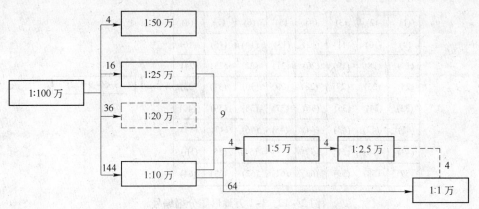

图 2-9 20 世纪 90 年代以前基本比例尺地形图分幅系统

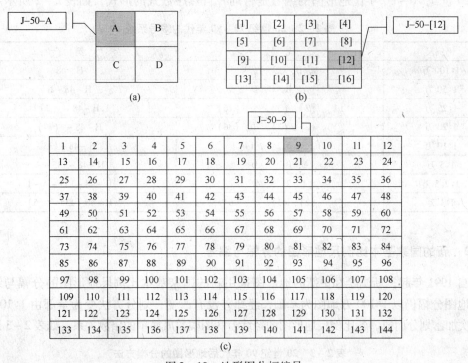

图 2-10 地形图分幅编号

(a) 1:50 万;(b) 1:25 万;(c) 1:10 万

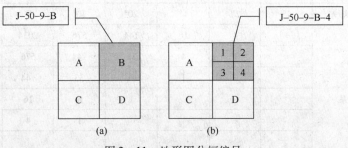

图 2-11 地形图分幅编号

(a) 1:5 万;(b) 1:2.5 万

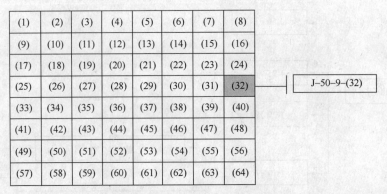

图 2 - 12   1:1 万地形图分幅编号

20 世纪 70 ~ 80 年代地形图的编号是行列 - 自然序数式的形式，如表 2 - 2 所示。

表 2 - 2   20 世纪 70 ~ 80 年代的编号系统

比例尺	代　号	例　子
1:100 万	A, B, C, …, V	H - 48
1:50 万	A, B, C, D	H - 48 - B
1:25 万	[1], [2], [3], …, [16]	H - 48 - [2]
1:20 万	(1), (2), (3), …, (36)	H - 48 - (17)
1:10 万	1, 2, 3, …, 144	H - 48 - 135
1:5 万	A, B, C, D	H - 48 - 135 - A
1:2.5 万	1, 2, 3, 4	H - 48 - 135 - A - 1
1:1 万	(1), (2), (3), …, (64)	H - 48 - 135 - (5)

2.4.2　新的国家基本比例尺地形图的分幅与编号

自 1991 年起，新测绘和更新的地形图采用新的国家基本比例尺地形图的分幅与编号系统。地图分幅仍以 1:100 万地图为基础，经纬差没有改变，划分方法变为全部由 1:100 万地图逐次加密划分而成。各比例尺地形图的经纬差和图幅数成简单的倍数关系，如表 2 - 3 所示。

表 2 - 3   20 世纪 90 年代后地形图的分幅方法

比例尺		1:100 万	1:50 万	1:25 万	1:10 万	1:5 万	1:2.5 万	1:1 万	1:5000
图幅范围	经差	6°	3°	1°30′	30′	15′	7′30″	3′45″	1′52.5″
	纬差	4°	2°	1°	20′	10′	5′	2′30″	1′15″
图幅间数量关系		1	4	16	144	576	2034	9216	36864
			1	4	36	144	576	2304	9216
				1	9	36	144	576	2304
					1	4	16	64	256
						1	4	16	64
							1	4	16
								1	4

新的国家基本比例尺地形图的编号仍以 1:100 万地图编号为基础,由下接的相应比例尺的行、列代码所构成,并增加了比例尺代码。因此,所有 1:5000 ~ 1:50 万地形图的图号均由五个元素 10 位码组成。编码系列统一为一个根部,编码长度相同,便于计算机处理(图 2-13)。各种比例尺的代码如表 2-4 所示。

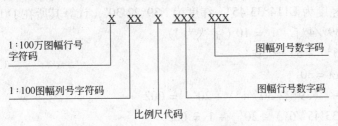

图 2-13 1:5000 ~ 1:50 万地形图图号的构成

表 2-4 各种比例尺的代码

比例尺	1:50 万	1:25 万	1:10 万	1:5 万	1:2.5 万	1:1 万	1:5000
代码	B	C	D	E	F	G	H

编号示例:J50B001002,J50C003003,J50D010010,J50E017016,J50F042002,J50G093004,J50H192192。

2.4.3 编号的应用

(1)已知图号计算该图幅西南图廓点的经、纬度,计算公式如下:

$$\lambda = (b - 31) \times 6° + (d - 1) \times \Delta\lambda \tag{2-1}$$

$$\psi = (a - 1) \times 4° + (4°/\Delta\psi - c) \times \Delta\psi \tag{2-2}$$

式中 a——1:100 万图幅所在纬度带的字符所对应的数字码;

b——1:100 万图幅所在经度带的字符所对应的数字码;

c——该比例尺地形图在 1:100 万地形图编号后的行号;

d——该比例尺地形图在 1:100 万地形图编号后的列号;

$\Delta\psi$——该比例尺地形图分幅的纬差;

$\Delta\lambda$——该比例尺地形图分幅的经差。

例 1:已知某图幅图号为 J50B001001,求其西南图廓点的经度、纬度。

因为 $a = 10$,$b = 50$,$c = 001$,$d = 001$,$\Delta\psi = 2°$,$\Delta\lambda = 3°$,所以

$$\lambda = (50 - 31) \times 6° + (1 - 1) \times 3° = 114°$$

$$\psi = (10 - 1) \times 4° + (4°/2° - 1) \times 2° = 38°$$

故该图幅西南图廓点的经、纬度分别为 114°、38°。

(2)已知某点的经、纬度或图幅西南图廓点的经、纬度,计算图幅编号。

先计算该点所在 1:100 万图幅的编号:

$$a = [\psi/4°] + 1 \tag{2-3}$$

$$b = [\lambda/6°] + 31 \tag{2-4}$$

若图幅位于西经范围,则

$$b = 30 - [\lambda/6°] \tag{2-5}$$

再计算所求比例尺地形图在 1:100 万图号后的行、列编号：

$$c = 4°/\Delta\psi - [(\psi/4°) \div \Delta\psi] \qquad (2-6)$$

$$d = [(\lambda/6°) \div \Delta\lambda] + 1 \qquad (2-7)$$

上述式中，( ) 表示商取余数；[ ] 表示分数值取整。

例 2：某点经度为 E114°33′45″，纬度为 N39°22′30″，计算其所在 1:10 万图幅的编号。

因为 $a = [39°/4°] + 1 = 10$（字符为 J）

$b = [114°/6°] + 31 = 50$

$\Delta\psi = 20′$；$\Delta\lambda = 30′$

$c = 4°/20′ - [(39°22′30″/4°) \div 20′] = 002$

$d = [(114°33′45″/6°) \div 30′] + 1 = 002$

故该点所在 1:10 万地形图图号为 J50D002002。

2.5 内分幅地图的分幅设计

内分幅地图是区域性地图、大型挂图的分幅形式。图廓是矩形，使用时沿图廓拼接起来形成一个完整的图面。

2.5.1 分幅的原则

（1）顾及纸张规格。普通纸张的幅面尺寸为 787mm × 1092mm，由于印刷机的大小和印刷成品要求的尺寸不同，常使用全开、对开、四开等尺寸的纸张印刷。

设计地图时通常应按正常规格的图纸计算。其他规格如 960 – 787，1230 – 880，1092 – 880，960 – 690，1168 – 850，在常规设计困难且有纸源时使用。

纸张在进机印刷前需进行光边处理，光边后的纸张，每个方向要去掉 3~6mm。为了彩色图的各色套印，需要在图纸除咬口（全开机的咬口为 10~18mm，对开机为 9~12mm）边外的三方绘出丁字线。一般要求丁字线垂直于图边的方向长度不少于 4mm，成图边切边时又要去掉 3mm，即带丁字线的图边要去掉 7mm。

（2）顾及印刷条件。设计地图分幅时还要顾及到充分利用印刷机的版面。

胶印机的种类很多，按印刷时纸的尺寸可分为全开机、对开机、四开机。但实际进机的纸张最大尺寸往往都比标准纸大些。例如 J120z 型全开机，纸张最大尺寸为 880mm × 1230mm。

注意：最大印刷尺寸一般要比进纸尺寸小 15~20mm。

（3）主区在图廓内基本对称，同时照顾到与周围地区的联系。

主区在图廓内对称，指的是主区四边最突出的部位到图廓的距离基本一致，以达到视觉上的匀称为准。

主区同周围地区有着自然和社会方面的多种联系，为了充分说明制图主区，必须尽可能地将同主区有重要联系的物体反映到图面上。例如，设计四川省地图南部要把金沙江的大转弯部位包括进来（显示长江干流的完整），北面则应表示出宝鸡市及西安市（突出与外部的联系）。

（4）各图幅印刷面积尽可能平衡。图幅的印刷面积指图纸上带有印刷要素的范围。对内分幅挂图而言，图名在外边、花边、说明等内容都算作印刷要素。

（5）照顾主区内重要地物的完整。主区内的重要城市、矿区、主要风景区、水利工程建筑等小区域性的重要制图物体，应尽可能完整地保持在一个图幅（印张）范围内，即分幅线不要穿过这些制图物体，这会给地图的使用带来方便。

（6）照顾图面配置的要求。分幅设计时要顾及到图名、图例、图边、附图等要素同分幅线的联系。例如，图名的字和图例、附图等都应不被分幅线切割。

（7）大幅地图的内分幅，应考虑局部地区组合成新的完整图幅。图2－14为《地中海地图》的分幅方案。该图共分为20幅，左上角竖排6幅可拼接为《西欧》，右下角6幅可拼为《阿拉伯地区》，中间9幅可拼为《地中海及其附近》，这样就可以做到一图多用。

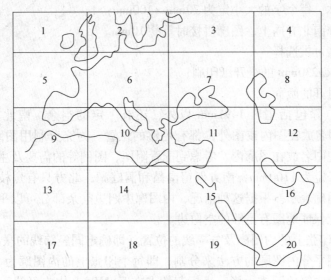

图2－14　《地中海地图》的分幅

地图分幅的数量应尽量少，分幅的数量愈多印刷色彩愈不易一致。主要应尽可能把色层多的区域集中在尽可能少的图幅上，以便减少总印版数。

2.5.2　分幅的方法和步骤

（1）在工作底图上测量区域范围的尺寸。

工作底图：一般选取较小比例尺地图，要有必要精度，投影性质与新编图相近。

区域范围：制图区域东西方向和南北方向的最大距离。

应先找出区域边界在东西南北方向上的最突出点，并按平行或垂直于中央经线的方向量取其最大尺寸。

（2）换算成新编图上的长度并与纸张和印刷机的规格相比较。

1）将量得的长度换算成新编图上的长度，例如所用的工作底图比例尺为1∶200万，要设计的地图为1∶50万，则应把量取的尺寸放大4倍，该尺寸就成为设计图廓的基本依据。

2）设计图幅的数量及排法，根据主区大小和纸张有效面积确定。方法是把主区大小和纸张有效面积相比较，采用最合理的排法，用最少的幅数拼出需要的图廓范围。保证除掉外图廓和必要的空边外，内图廓能容纳主区并稍有空余。

（3）确定分幅线的位置和每幅图的尺寸。

例：湖北省 1∶50 万普通地理挂图的分幅设计。

1）量取湖北省东西方向和南北方向的距离。在 1∶150 万地图的湖北省范围上量 LWE = 497mm，LNS = 312mm。

2）放大为 1∶50 万，同图纸和印刷机规格相比较。放大为 1∶50 万，即 LWE = 1491mm，LNS = 936mm，根据整饰要求：

花边宽度约为图廓边长的 1% ~ 1.5%，如花边宽度为 20mm；

内外图廓间的距离为 10mm；

图名用扁宋体，每个字的大小定为 70mm × 100mm；

假设在东西和南北方向上，图廓拼接时重叠 10mm。

两种设计方案可供选择：

①用 880mm × 1230mm 的全开纸印刷；

②用四个大对开的版面。

在内图廓中，除包括主区 1491mm 以外，还有一定的空余，南北方向，主区范围 936mm，不论把图名放在图内或图外，都有足够的位置。为充分利用图廓内的自由空间，减少印刷面积，把图名放在图廓内。考虑到配置附图、图例等的需要及主区同周围地区的联系，内图廓边长定为 1100mm，南方保留南昌和洞庭湖，北方只有焦枝和京广铁路比较重要，图上已能明确表示。根据这种情况，内图廓中四边空余部分可以平分，以求视觉上的对称，同时也能保证地图有足够的空白边。

3）确定每个印张上的内图廓及分幅线的位置（即确定同经纬线的联系）。

四个印张采用平分内图廓的方法来分割，即每个印张上的内图廓为 550mm × 750mm。该图采用双标准纬线等角圆锥投影，坐标起始点在 Eλ112°（中央经线）和 Nφ29° 的交点上。假定该点的坐标为 $x_0 = 0$，$y_0 = 0$。在 1∶150 万地图上量取起始点到 A 点（下图廓中点）的纵横坐标差，乘以 3 换算为 1∶50 万地图上的距离为 $\Delta x = -72mm$，$\Delta y = 50mm$，则 A 点的坐标值为 $x = -72mm$，$y = 50mm$。据此可以算出各图廓点的坐标，并由此固定图廓同经纬网的相对位置。

重要内容提示

1. 地图的分幅方法、优缺点、适用情况；
2. 地图编号的种类和适用情况；
3. 我国新的国家基本比例尺地形图的分幅与编号系统构成、编号应用；
4. 内分幅地图的分幅步骤。

思考题

2 - 1 经纬线分幅的优缺点有哪些，如何弥补其缺点？

2 - 2 地图的编号有哪些，我国新的国家基本比例尺地形图的编号系统是如何构成的？

2 - 3 已知一个点的坐标和它所在图幅的比例尺，如何知道其所在图幅的编号？

2 - 4 为河北省 1∶150 万挂图进行分幅设计。

3 地图的坐标系统

3.1 地球的形状及大小

我国在公元前5世纪左右的东周时期就有"天圆如张盖，地方如棋局"的天圆地方说，同时认为大地静止不动，日月星辰在天穹上随天旋转。战国时期，产生了第二次盖天说，认为天穹有如一个斗笠，大地像一个倒覆的盘子，北极是天的最高点，四面下垂。

浑天说的代表作《张衡浑仪注》中说："浑天如鸡子。天体圆如弹丸，地如鸡子中黄，孤居于天内，天大而地小。天表里有水，天之包地，犹壳之裹黄。"浑天说比盖天说进了一步，它认为天不是一个半球形，而是一整个圆球，地球在其中，就如鸡蛋黄在鸡蛋内部一样，如图3-1所示。

为了了解地球的形状，让我们由远及近地观察一下地球的自然表面。

浩瀚宇宙之中，地球是一个表面光滑、蓝色美丽的正球体（图3-2）。从机舱窗口俯视大地，地表是一个有些微起伏、极其复杂的表面（图3-3）。

地球表面实际是一个高低不平、极其复杂的自然表面。在地球表面上，海洋的面积约占71%，陆地的面积约占29%。陆地最高处为中尼两国的界峰——珠穆朗玛峰，高达8844.43m，海底最低处为太平洋西部马里亚纳海沟，深度为11022m。两者间的高差接近20km。

事实上，地球不是一个正球体，而是一个极半径略短、赤道半径略长，北极略突出、南极略扁平，近于梨形的椭球体（图3-4和图3-5）。但从宏观来看，这个数字比起地球的半径来说是很小的，因此，可以假想将静止的平均海水面延伸到大陆内部，形成一个连续不断的，与地球比较接近的形体，其表面与该面上各点的重力方向（铅垂线）成正交，这个面称为大地水准面。它实际是一个起伏不平的重力等位面——地球物理表面，它所包围的形体称为大地体。

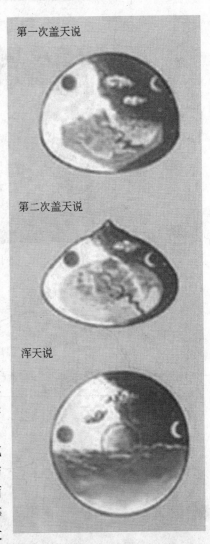

第一次盖天说

第二次盖天说

浑天说

图3-1 古代关于地球形状的假说

图 3-2 从宇宙观察地球

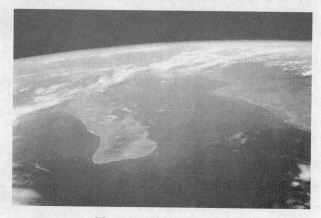

图 3-3 从机舱观察地球

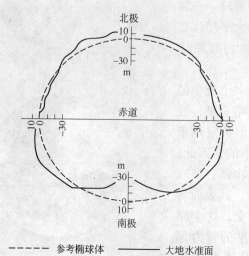

- - - - - 参考椭球体   ———— 大地水准面

图 3-4 不规则的梨形椭球体

图 3-5 WDM94 模型描述的地球形状

　　然而，由于地球内部物质分布不均匀和地面的高低起伏，地球各处的重力方向发生局部变异，处处与重力方向垂直的大地水准面显然不可能是一个十分规则的表面，且不能用简单的数学公式来表达，因此，大地水准面还不能用作测量成果的计算面。

　　为了测量成果的计算和制图工作的需要，选用一个同大地体相近的，可以用数学方法来表达的旋转椭球来代替。这个旋转椭球由一个椭圆绕其短轴旋转而成，是一个规则的数学表面，所以人们视其为地球体的数学表面，也是对地球形体的二级逼近。在测量和制图中就用旋转椭球体来代替大地球体，这个旋转椭球体通常称为地球椭球体，简称椭球体。图3-6示意性地表明了地球自然表面、大地水准面及旋转椭球体表面三者的位置关系。

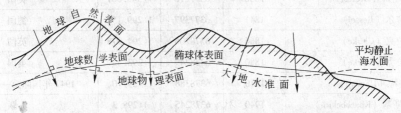

图3-6　地球的自然表面、大地水准面及椭球体表面

　　椭球体三要素为长轴 a（赤道半径）、短轴 b（极半径）和椭球的扁率 f（图3-7），对 a、b、f 的具体测定是近代大地测量的一项重要工作。下面是 WGS（world geodetic system）84 椭球参数：

a = 6378137m；

b = 6356752.3m；

赤道直径 = 12756.3km；

极地直径 = 12713.5km；

赤道周长 = 40075.1km；

表面积 = 510064500km^2。

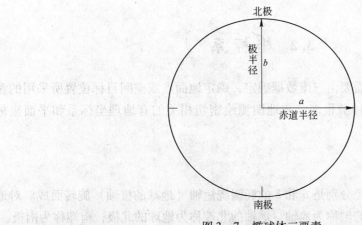

图3-7　椭球体三要素

　　对地球形状 a、b、f 测定后，还必须确定大地水准面与椭球体面的相对关系。与局部地区（一个或几个国家）的大地水准面符合得最好的旋转椭球，称之为"参考椭球"，通过数学方法将地球椭球体面摆到与大地水准面最贴近的位置上，并求出两者各点间的偏

差，从而在数学上给出对地球形状的三级逼近。

　　经过长期的观测、分析和计算，世界上许多学者先后算出了地球椭球的长短半径的数值。由于国际上在推求年代、方法及测定的地区不同，故地球椭球体的元素值有很多种。表 3－1 列举了较著名的几个椭球数据以及它们被使用的情况。

表 3－1　国际上主要的椭球参数

椭球名称	年代	长半径/m	扁率	备注
德兰勃（Delambre）	1800	6375653	1:334.0	法国
埃弗瑞斯（Everest）	1830	6377276	1:300.801	英国
贝赛尔（Bessel）	1841	6377397	1:299.152	德国
克拉克（Clarke）	1866	6378206	1:294.978	英国
克拉克（Clarke）	1880	6378249	1:293.459	英国
海福特（Hayford）	1910	6378388	1:297.0	1942 年国际第一个推荐值
克拉索夫斯基（Красовский）	1940	6378245	1:298.3	苏联
1967 年大地坐标系	1967	6378160	1:298.247	1971 年国际第二个推荐值
1975 年大地坐标系	1975	6378140	1:298.257	1975 年国际第三个推荐值
1980 年大地坐标系	1979	6378137	1:298.257	1979 年国际第四个推荐值

　　20 世纪 60 年代以来推出的椭球体，除利用了大量的重力测量资料外，还结合了卫星大地测量资料，因而更为可靠。

　　我国 1952 年以前采用海福特椭球（该椭球 1924 年被定为国际椭球），从 1953 年起，开始改用克拉索夫斯基椭球，1978 年我国决定采用国际大地测量协会所推荐的 1975 年基本大地数据中给定的椭球参数，并以此建立了我国新的、独立的大地坐标系。

　　当编制某些小比例尺地图时，还可以不考虑地球椭球长短半径差值的影响，把地球作为正球体看待。

3.2　坐　标　系

　　地面点或空间目标位置需要由三维数据确定，确定地面点或空间目标位置所采用的参考系称为坐标系。坐标系的种类很多，与地图测绘密切相关的有地理坐标系和平面坐标系等。

3.2.1　地理坐标系

　　地球旋转椭球为长短半径分别是 a 和 b 的椭圆绕短轴（地球的极轴）旋转而成。对地球椭球体而言，它围绕旋转的轴称为地轴。地轴的北端称为地球的北极，南端称为南极。

　　过旋转轴的平面与椭球面的截线称为经线或子午线。国际上公认通过英国格林尼治天文台的经线为首子午线（本初子午线）。因此，M 点的经度即为过该点的子午圈截面与起始子午面之交角，用 λ 来表示。并规定由首子午线起，向东为正，称为东经，向西为负，称为西经。

　　垂直于地轴并通过地心的平面称为赤道平面，它与椭球面相交的大圆圈，称为赤道。过 M 点的法线与赤道面的交角，称为地理纬度（又称大地纬度），用 φ 表示。地理纬度从赤道起算向北为正，从 0°到北极 +90°，称为北纬，向南从 0°到南极 -90°，称为南纬。

　　以地球的北极、南极、赤道和本初子午线等作为基本要素，即可构成地球椭球面的地理坐标系统，如图 3-8 所示。

　　用经纬度表示地面点的球面坐标，称为该点的地理坐标。

　　大地测量学中，对地理坐标系统中经纬度的提法有三种：

　　天文经纬度：以大地水准面和铅垂线为依据，用天文测量的方法来测定。天文经度为观测点天顶子午面与格林尼治天顶子午面间的两面角，在天文学和大地测量学中，常用时间单位表示。天文经度在地球上定义为本初子午面与观测点之间的两面角。天文纬度（赤纬）在地球上定义为铅垂线与赤道平面间的夹角。

　　大地经纬度：以参考椭球面和法线为依据。大地经纬度构成的大地坐标系，在大地测量计算中广泛应用。

　　地心经纬度：地心经度等同于大地经度，地心纬度指参考椭球面上任一点和椭球中心连线与赤道面之间的夹角。

　　三种经纬度关系如图 3-9 所示。

 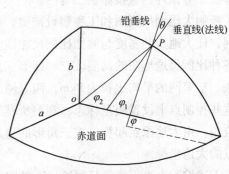

　　图 3-8　地理坐标系　　　　　　　　图 3-9　经纬度

　　经纬度具有深刻的地理意义，经线与南北相应，纬线与东西相应。它表示了物体在地面上的位置，显示了物体的地理方位，表示了时差。此外，经纬线还标示出许多地理现象所处的地理带，如在气候、土壤及地理学科的其他部门，都要利用经纬度来推断重要的和有益的地理规律。

　　大地测量学中常以天文经纬度定义地理坐标。

　　地图学中常以大地经纬度定义地理坐标。

　　在地学研究及地图学小比例尺制图中，精度要求不高，常将椭球体当做正球体看待，地理坐标均用地心坐标。

3.2.2　地理坐标的获取

　　经纬度的测定主要有天文测量和大地测量两种方法。

　　以大地水准面和铅垂线为依据，用天文测量的方法，可获得地面点的天文经纬度。测有天文经纬度坐标的地面点，称为天文点。它是在各点点位上独立观测而直接得到的，地图上用专门的天文点符号来表示。

以旋转椭球和法线为基准，用大地测量的方法，建立国家大地控制网，由大地控制网逐点推算各控制点的坐标，此称为大地经纬度。

首先在全国范围内布设由一等三角点构成的一等三角锁（或四边形锁等），沿经纬线方向伸展，纵横交叉构成全国一等三角锁环。一等三角锁系是国家平面控制网的骨干，其作用是在全国范围内迅速建立一个统一坐标系统的框架，为控制二等及以下各级三角网的建立并为研究地球的形状和大小提供资料。一等三角锁一般沿经纬线方向构成纵横交叉的网状。两相邻交叉点之间的三角锁称为锁段，锁段的长度一般为200km，纵横锁段构成锁环。

在一等三角锁基础上，加密布设由二等三角点构成的二等三角网。二等三角锁网既是地形测图的基本控制，又是加密三、四等三角网（点）的基础，它和一等三角锁网同属国家高级控制点。我国二等三角网的布设有两种形式：1958年以前，采用两级布设二等三角网的方法，即在一等锁环内首先布设纵横交叉的二等基本锁，将一等锁分为四个部分，然后再在每个部分中布设二等补充网，在二等锁系交叉处加测起始边长和起始方位角，二等基本锁的平均边长为15～20km，二等补充网的平均边长为13km；1958年以后改用二等全面网，即在一等锁环内直接布满二等网。

为了控制大比例尺测图和工程建设需要，在一、二等锁网的基础上，还需布设三、四等三角网，使大地点的密度与测图比例尺相适应，构成布满全国领土的水平控制网，以满足测绘各种比例尺地形图的需要。三、四等三角点的布设尽可能采用插网的方法，也可采用插点法。三等网的平均边长为8km，四等网边长为2～6km。

在这些控制点上设置测量标志，观测所有三角形中的水平角，并精确测定起始边的边长和方位角。由大地原点起算，按三角形的边角关系逐一推算其余边长和方位角，进而推算三角点的大地坐标。

如果上述控制点尚不能满足测绘地图的需要，还可以增补等外三角点、导线点等更低级的控制点。

图3－10为我国大地控制网示意图。

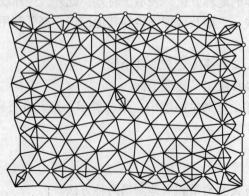

图3－10　大地控制网示意图

3.2.3　我国的大地坐标系

世界各国采用的坐标系不同。在一个国家或地区，不同时期也可能采用不同的坐标系。我国目前沿用了两种坐标系，即 1954 年北京坐标系和 1980 年国家大地坐标系。

新中国成立前，我国实际上没有统一的大地坐标系统。新中国成立初期从苏联 1942 年坐标系联测并经过平差计算而引伸到我国，建立了 1954 年北京坐标系。该坐标系的原点在苏联西部的普尔科夫，采用克拉索夫斯基椭球元素（据苏联 20 世纪 20～30 年代的大地测量成果推算得到），致使椭球面与我国大地水准面不能很好地符合，产生的误差较大，加上 1954 年北京坐标系的大地控制点坐标多为局部平差逐次获得的，连不成一个统一的整体。这对于我国经济和空间技术的发展都是不利的。

我国在积累了 30 年测绘资料的基础上，采用 1975 年第 16 届国际大地测量及地球物理联合会（IUGG/IAG）推荐的新的椭球体参数（长半径、地心引力常数、自转角速度等数据），椭球短轴平行于由地球质心指向 1968.0 地极原点的方向，首子午面平行于格林尼治平均天文台的子午面，以陕西省西安市以北泾阳县永乐镇某点为国家大地坐标原点，通过全国天文大地网整体平差建立了全国统一的大地坐标系，即 1980 年国家大地坐标系，简称 1980 年西安原点或西安 80 坐标系。

西安 80 坐标系的主要优点在于：克氏椭球只给定了长半轴与扁率，仅描述了地球面的几何形状，而西安 80 坐标系的椭球体参数精度更高，4 个参数是一个完整的系统；定位采用的椭球体面与我国大地水准面符合较好；天文大地坐标网传算误差和天文重力水准路线传算误差都不太大；天文大地坐标网的坐标经过了全国性整体平差，坐标统一，精度优良，可以满足 1∶5000 甚至更大比例尺测图的要求等。

3.2.4　平面坐标系

将椭球面上的点通过地图投影的方法投影到平面上时，通常使用平面坐标系，平面坐标系分为极坐标系和直角坐标系。

用某点至极点的距离和方向表示该点的位置的方法，称为极坐标法（图 3－11）。这种方法主要用于地图投影理论的研究。

平面直角坐标系是按直角坐标原理确定一点的平面位置的，这种坐标也称为笛卡儿坐标或直角坐标。该坐标系由原点 o 及过原点的两个垂直相交轴所组成，点的坐标为该点至两个轴的垂直距离。

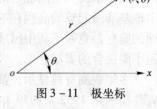

图 3－11　极坐标

测绘所使用的直角坐标系与数学中的有所不同，测绘所使用的直角坐标系中将 x 轴和 y 轴互换位置，以便角度从 x 轴开始按顺时针方向计量。

在实际测绘作业中，多采用平面直角坐标系来建立地图的数学基础，即通过地图投影，将地面控制点（三角点）和一些特殊点（如图廓点、经纬网交点等）的地理坐标换算成平面直角坐标，进行展绘，制作地图。

3.2.5　独立坐标系

为不使坐标系出现负值，通常将某测区的坐标原点设在测区西南角某点，以真北方向或主要建筑物主轴线为纵轴方向,以垂直于纵坐标轴的直线为横坐标轴,构成平面直角坐标系。

这种坐标系常用于小型测区的测量,它不与国家统一坐标系相连,因此称为任意坐标系或独立坐标系。

我国城市多采用独立坐标系,甚至有的城市采用多个独立坐标系或不同时期采用不同的独立坐标系。

独立坐标系与国家坐标系在进行转换时,可以先将独立坐标系的原点或独立坐标系的某固定点与国家大地点联测,按计算出的方位角进行改正,求出该点的国家统一坐标,然后对所有数据进行平移和旋转,这样便把按独立坐标系所采集的数据转换到国家平面直角坐标系中。

如果两套一样比例尺的图形有一套是国家直角坐标系,也可以挑选一些公共点用国家坐标系下的图形校正独立坐标系的图形。

3.3　高程系

3.3.1　国家高程系统

高程控制网的建立,必须规定一个统一的高程基准面。高程控制点高程是指由高程基准面起算的地面点高度。高程基准面是根据验潮站所确定的多年平均海水面而确定的。

地面点至平均海水面的垂直高度即为海拔高程,也称绝对高程,简称高程。地面点之间的高程差,称为相对高程,简称高差。

实践证明,在不同地点的验潮站所得的平均海水面之间存在着差异,选用不同的基准面就有不同的高程系统。例如,我国曾经使用过的1954年黄海平均海水面、坎门平均海水面、吴淞零点、废黄河零点和大沽零点等多个高程基准面,分别为不同地点的验潮站所得的平均海水面。新中国成立以后,利用青岛验潮站1950～1956年的观测记录,确定黄海平均海水面为全国统一的高程基准面,并且在青岛观象山埋设了永久性的水准原点。凡由该基准面起算的高程在工程和地形测量中均属于1956年黄海高程系统。统一高程基准面的确立,克服了新中国成立前我国高程基准面混乱以及不同省区的地图在高程系统上普遍不能拼合的弊端。

多年观测资料显示,黄海平均海平面发生了微小的变化。因此,1987年国家决定采用青岛验潮站1952～1979年潮汐观测资料计算的平均海水面作为新的高程基准面,即"1985年国家高程基准",凡由该基准起算的高程在工程和地形测量中均属于1985年黄海高程系统。高程基准面的变化,标志着水准原点高程的变化。在新的高程系统中,水准原点的高程由原来的72.289m变为72.260m。高程控制点的高程也随之发生了微小的变化,但对已成地图上的等高线高程的影响则可忽略不计。

1985年国家高程基准与1956年国家高程基准之水准原点间的转换关系为:

$$H_{85} = H_{56} - 0.029\text{m} \tag{3-1}$$

3.3.2　局部高程系统

在缺少基本高程控制网的地区,不仅可建立独立平面直角坐标系,也可建立局部高程系统。

凡不按 1956 年黄海平均海水面或 1985 年国家高程基准作为高程起算数据的高程系统均称为局部高程系统。

3.3.3 国家高程系统和局部高程系统的变换

在建立城市地理信息系统时，采用局部高程系统的空间数据都必须转换为 85 国家高程系统。

（1）设局部高程系统的高程原点起算数据为 $H_{局}$，与国家高程控制网联测的高程原点高程为 $H_{联}$，高程原点的高程改正值为 ΔH，则

$$\Delta H = H_{联} - H_{局} \tag{3-2}$$

（2）只要将局部系统中各高程点的高程加上 ΔH 就能转换为国家高程系统。

由于全球经济一体化进程的加快，每一个国家或地区的经济发展都会与周边国家和地区发生密切的关系，这种趋势要求建立全球统一的空间定位系统和全球性的基础地理信息系统。因此，除采用国际通用 ITRF 系统之外，各国的高程系统也应逐步统一起来，各个国家和地区基于自己的国情建立的坐标系统和高程系统也应和全球的系统进行联系，以便相互转换。

3.4 地图定向

地图定向指确定地图上图形的地理方向。这里主要讨论两个内容：地形图定向、小比例尺地图定向。

3.4.1 地形图定向

为满足地图使用的要求，规定在比例尺大于 1:10 万的各种地形图上绘出三北方向和三个偏角的图形。

三北方向线包括真北方向线、坐标北方向线和磁北方向线。

真北方向线也称真子午线，是过地面上任一点，指向北极方向的方向线。对于一幅图而言，通常是把图幅的中央经线的北方向作为该图幅的真北方向。

坐标北方向线是图上方里网纵线的坐标值递增的方向。

磁北方向线也称磁北方向，是实地上磁北针所指方向，它与指向北极的北方向不一致。

磁子午线是磁偏角相等的各点的连线，收敛于地球磁极，如图 3-12 所示。地图上表示的磁北方向是本图幅范围内实地上若干点测量的平均值。

三个偏角为子午线收敛角、磁偏角、磁针对坐标纵线的偏角，如图 3-13 所示。

子午线收敛角 C_1：真北方向和坐标纵线的夹角。高斯投影中 C_1 随着纬度的增大而增大，随对中央经线经差的增大而增大，中央经线及赤道上子午线收敛角为 0°。采用 6°分带投影时 C_1 的最大值为 ±3°。投影带的东西部角值对应相等，符号相反。

磁偏角 C_2：过某点的磁子午线和真北方向的夹角。由于磁极位置不断地有规律移动，图上标的角值仅为测图时的情况，但是磁偏角的变化比较小，而且变动有规律，一般用图时仍可使用图上标注的磁偏角值，需要精密量算时，则应根据年变率和标定值推算用图时的磁偏角值。

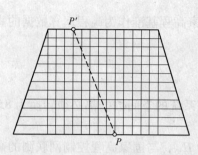

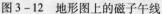
图3-12　地形图上的磁子午线　　　　图3-13　三北方向和三个偏角示意图

磁针对坐标纵线的偏角 C_3：过某点的磁子午线和坐标纵线的夹角。磁子午线在坐标纵线以东为东偏，角值为正，以西为西偏，角值为负。

三个北方向关系如图3-14所示。三个偏角的关系可以用式（3-3）表示：

$$C_3 = C_2 - C_1 \tag{3-3}$$

我国比例尺大于1:10万的地形图上，南图廓外附有偏角图。偏角关系图，根据图幅在投影带的位置关系及磁子午线对真子午线、坐标纵线的关系选定。它仅表示位置关系，张角不按真值绘出，实际值用注记注明。

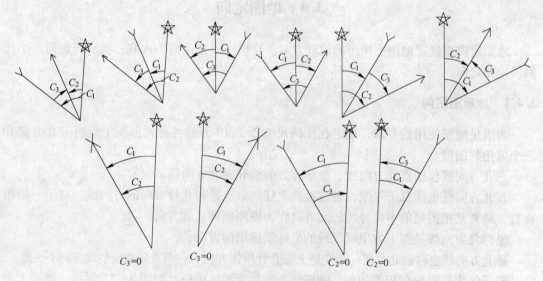

图3-14　三北方向图

3.4.2　偏角密位制表示法

密位是表示角度大小的一种度量单位，即将圆周分为6000份或6400份，分别称为6000密位制和6400密位制。现在出版的地形图只标注6000密位制数字。6000密位制与度分秒制的换算关系如下：

$$1° = 6000/360 = 16.67 \text{（密位）} \tag{3-4}$$

$$1' = 6000/21600 = 0.28 \text{（密位）} \tag{3-5}$$

$$1 \text{密位} = 21600/6000 = 3.6' \tag{3-6}$$

图 3 – 15 为地形图的三北方向图中，密位数字的标注方法：

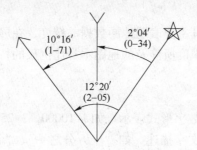

图 3 – 15 偏角的角度注记

3.4.3 小比例尺地图定向

一般情况下，小比例尺地图也尽可能采用北方定向，但特殊制图区，北方定向不利于有效利用标准纸张和印刷机的版面时，也可考虑采用斜方位定向，如图 3 – 16 所示。

极个别情况下，为更有利于表示地图的内容，甚至也可采用南方定向。

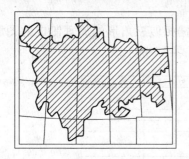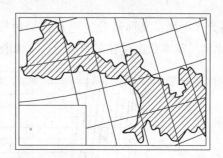

图 3 – 16 北方定向和斜方位定向

3.5 地图比例尺

3.5.1 地图比例尺的含义

传统的比例尺指长度缩小的比率。制图区域较小，缩小比率也小时，因为采用了各种变形都比较小的投影，所以图上各处的长度比都可认为相等，此时的比例尺的含义为图上长度与相应地面之间的长度比例，即 $L/L' = 1/M$。

制图区域较大，缩小比率也相当大时，采用的地图投影比较复杂，长度比因方向和位置不同而变化，此时图上的比例尺标注的为主比例尺。

计算地图投影或制作地图时，必须将地球按一定比率缩小表示在平面上（地球半径缩小的比率），这个比率即为主比例尺。其实质是在进行投影时，对地球半径缩小的比率。

由于变形的存在，地图仅能在某些点或线上保持主比例尺。主比例尺只有在计算地图投影时才应用。所以，在这种小比例尺地图上不可随意进行图上量算，特别是进行长度量算。

地图上除了保持主比例尺的点线之外，其他部分上的比例尺称为局部比例尺。它们依投影性质的不同，常随线段的方向和位置而变化，只有需要在图上进行量测时才用一定的方式表示该图的局部比例尺。

对于屏幕地图比例尺，其主要表明地图数据的精度，在屏幕上比例尺的变化不影响地图的内容、概括程度、数据精度所涉及的地图本身比例尺的特征。

3.5.2　地图比例尺的表示

（1）数字式比例尺：用数字形式表示。如 1∶10000、1∶25000、1/10000、1/25000 等。

（2）文字式比例尺：用文字描述，如"十万分之一"、"百万分之一"、"图上 1cm 等于实地 1km"、"图上 1cm 等于实地 10km"等。

（3）图解比例尺：可分为直线比例尺、斜分比例尺和复式比例尺。

1）直线比例尺：以直线段形式标明图上线段长度所对应的地面距离，如图 3 - 17 所示。

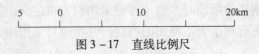

图 3 - 17　直线比例尺

2）斜分比例尺：又称微分比例尺，一种根据相似三角形的原理制成的图解比例尺，可以量取比例尺基本长度单位的百分之一，如图 3 - 18 所示。

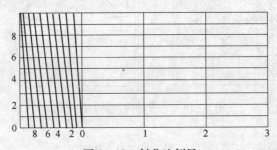

图 3 - 18　斜分比例尺

3）复式比例尺（投影比例尺）：根据地图的主比例尺和地图投影长度变形分布规律设计的，不仅适用于主比例尺，也能适用于局部比例尺的一种图解比例尺。通常是对每一条纬线（经线）单独设计一条直线比例尺，然后将它们组合起来（图 3 - 19）。

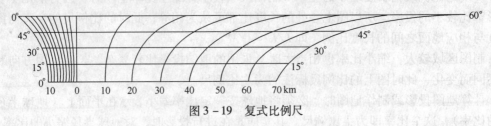

图 3 - 19　复式比例尺

（4）特殊比例尺。

1）变比例尺：当制图的主区分散且间隔的距离比较远时，为突出主区和节省图面，可将主区以外部分的距离按适当比例压缩，主区仍按原比例尺表示。

2）无级比例尺：是相对于传统比例尺系统而言的概念，无具体表现形式。通常在数字制图中，储存的地图数据库的精度和详细程度都比较高，由无级比例尺地图数据库可以生成任一级别的比例尺的地图，而不必将地图数据固定在某一比例尺上。

3.6 坐标网

坐标网是任何地图上不可缺少的要素之一。在编制地图时它是建立制图表象的骨架，在使用地图时常借以确定地面的坐标，根据已知坐标来确定点位，量测线段对东西南北的方向，计算比例尺和地球上某点的投影变形。

最常见坐标网有两种：地理坐标网和直角坐标网。

3.6.1 地理坐标网

地理坐标网也称经纬线网，它多见于中、小比例尺地图中，通常称之为"制图网"。

3.6.1.1 地理坐标网优点

控制作用：地理坐标网具有明确的地理概念，经纬线的方向是和实地上的东西南北方向相一致的，因此它可以用于确定方向。

分析投影：经纬线网格在地球上有固定的形状和面积，在地图上可以利用地理坐标网来确定地面点投影到地图上以后的变形状况。

地理经度具有明确的时间概念，地理纬度和气温有着密切的关系，因而它决定着自然界的一系列特征。

3.6.1.2 地理坐标网缺点

经（纬）差相等的线段在地图上一般情况下并不相等。经纬线往往不是正交的，因此进行图上量测工作及根据坐标展绘点位时都十分麻烦。

3.6.1.3 地理坐标网表示

1:1 万~1:25 万地形图上，经纬线只以图廓线表示出来，四角点标注度数，内外图廓间绘有方便加密的短线（分度带），如图 3-20 所示，需要时相连成网。1:25 万的图廓内还有加密十字线。

图 3-20 分度带

1:50 万~1:100 万地形图上，直接绘出经纬线网，而且内图廓上也有供加密经纬线网的加密分划短线。

3.6.2 直角坐标网

直角坐标网的网线由平行于直角坐标轴的两组平行线所构成，且是每隔整公里绘出坐标纵线和坐标横线，故又称方里网。一般大比例尺地图都是直角坐标网。

直角坐标网实地格网大小相等，便于使用特大比例尺解析测图仪生产作业的数据（采用平面直角坐标系）作为信息系统的数据源，便于同卫星图像、DTM 数据重叠匹配。

但采用高斯投影时，在分带边缘会产生许多不完整的网格，难以将分带计算产生的网格拼接在一个坐标系中。因此，若一个区域跨带，需先进行换带计算，使整个区域纳入一个投影带，然后再建立地理格网。

表 3－2 为 1∶1 万~1∶25 万地形图上的方里网密度。

表 3－2　方里网密度

密度 ＼ 比例尺	1∶1 万	1∶2.5 万	1∶5 万	1∶10 万	1∶25 万
图上距离/cm	10	4	2	2	4
实地距离/km	1	1	1	2	10

重要内容提示

1. 坐标系的含义及建立；
2. 比例尺的含义及表现形式；
3. 两种坐标网的区别。

思考题

3－1　我国常用的坐标系有哪些？

3－2　什么是投影比例尺？

3－3　小比例尺地图上可以进行量算吗？

3－4　什么是大地水准面、地球椭球体、绝对高程、相对高程、高差、全球定位系统？

3－5　什么是主比例尺、局部比例尺，地图上标的比例尺一般属于哪一种？

3－6　已知一块耕地的实地面积为 $6.25km^2$，图上面积为 $25cm^2$，求该图的比例尺，并用不同的比例尺形式加以表示。

3－7　什么是比例尺精度，在 1∶5 万地形图上其比例尺精度为多少？

3－8　要求在图上至少能表示出 2m 的地物，则地图的比例尺不应小于多少？

4 地图投影

4.1 地图投影的概念

地图投影是按照一定的数学法则，将地球椭球面上的经纬网转换到平面上，使地面点位的地理坐标（φ, λ）与其平面坐标（x, y）或（δ, ρ）间建立起一一对应的函数关系（式 4 – 1）。

$$\begin{cases} x = f_1(\varphi,\lambda) \\ y = f_2(\varphi,\lambda) \end{cases} \tag{4-1}$$

进行地图投影可以构建新编地图的控制骨架。了解各种投影的性质和应用范围，有助于正确选择和使用地图。图 4 – 1 为透视投影示意图。

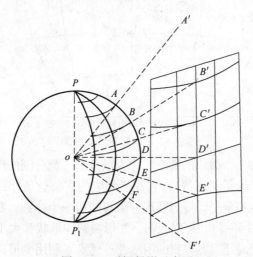

图 4 – 1　透视投影示意图

4.2 地图投影变形

在地图投影中，虽可利用投影的方法解决球面与平面之间的矛盾，但又出现了新的矛盾，即投影变形。地图投影会存在面积、角度和长度变形。通过分析研究，可以找出变形值的大小及其分布规律，以便诱导其向制图需要的有利方向发展。

为了进一步理解地图投影，先观察一下地球仪的经纬网及所构成的球面梯形，探究其长度、角度及面积特征。首先观察地球仪上经纬线的长度特征：第一，纬线长度不等，赤道最长，纬度愈高其长度愈短，到极点为 0；第二，同一条纬线上，经差相同的纬线弧长相等；第三，所有的经线长度相等；第四，在同一条经线上，纬差相同的经线弧长相差不大（在正球体上完全相等，在椭球体上由赤道向两极逐渐增长）。再观察地球仪上经纬网构成的球面梯形面积特征：第一，同一纬度带内，经差相同的球面梯形面积相等；第二，同一经度带内，纬度愈高球面梯形面积愈小。最后再观察一下经线与纬线的相交关系：经线与纬线处处都呈直角。

当观察完地球仪上的经纬网特征之后，再将地图上的经纬网与地球仪上的经纬网相比较便会发现，球面经纬网经过投影之后，其几何特征受到扭曲，产生了地图投影变形，如图4－2所示，实地上属于同样大小的经纬线网格在投影平面上变成了形状和大小各不相同的图形。在实践中，由于各种投影的方法均具有其独自的特殊性，所以它们的变形是迥异的。为此，可以用一系列的几何图形来直观地概括变形特征。

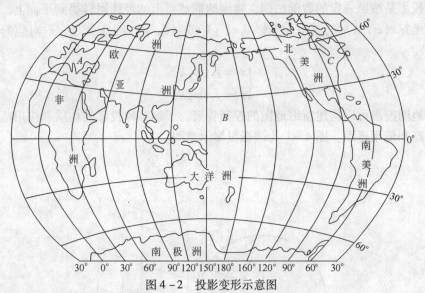

图4－2　投影变形示意图

如果在地球仪上绘有一个微小的圆形，称为微分圆（微分圆的面积小到可以忽略地球曲面的影响，即可以将它作为平面看待），它在投影中的表象会是什么呢？由于不同的投影条件，这个微分圆的表象不一定仍保持为圆形，很可能是一个椭圆，我们称它为变形椭圆，实质上它是变形的产物（图4－3）。可以证明，变形椭圆的形状和大小能确切地反映出投影变形在质和量上的差别，同时还具有直观的明晰性等优点。利用变形椭圆的图解和理论能更为科学和准确地阐述地图投影变形的概念、变形的性质及变形大小（图4－4和图4－5）。

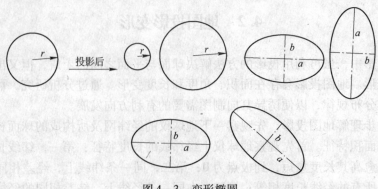

图4－3　变形椭圆

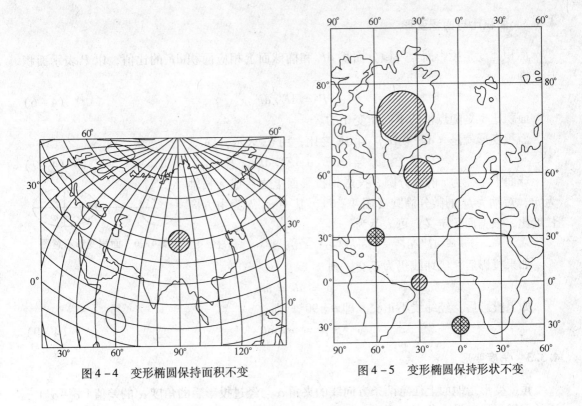

图 4 - 4　变形椭圆保持面积不变　　　　图 4 - 5　变形椭圆保持形状不变

4.3　投影变形的性质

4.3.1　长度比与长度变形

长度比就是投影面上微分线段 ds′ 和椭球面上相应长度 ds 的比值（式 4 - 2）。一般说来，长度比是随点的位置而变化，也和方向有关，但并非一定值。

$$\mu = ds'/ds \qquad (4-2)$$

长度变形就是（ds′ - ds）和 ds 之比（式 4 - 3），也即长度比与 1 之差。如已知某点附近沿某一方向上的长度比，则其长度变形根据式（4 - 3）即可算出。从式（4 - 3）中可知，长度比基本为小于 1 或大于 1 的数，只有特殊情况下才等于 1。长度变形有正、负值之分，变形为正时表明长度增长，变形为负时表明长度缩短。变形值有时也用百分比或千分比的比率来表示。

$$v_\mu = (ds' - ds)/ds = \mu - 1 \qquad (4-3)$$

一般只研究特定方向的长度比，即最大长度比 a 和最小长度比 b，或经线长度比 m 和纬线长度比 n。

如果投影后，经纬线仍为正交，m、n 即为最大和最小长度比 a、b。

当投影后，经纬线不正交，其夹角为 θ，则经、纬线长度比 m、n 与最大、最小长度比 a、b 之间的关系为：

$$m^2 + n^2 = a^2 + b^2 \qquad (4-4)$$

$$mn\sin\theta = ab \qquad (4-5)$$

4.3.2   面积比与面积变形

面积比就是投影面上一微分面积 dF' 和椭球面上相应面积 dF 的比值，以 P 表示面积比，即

$$P = \mathrm{d}F'/\mathrm{d}F \tag{4-6}$$

面积比也是随点位的不同而变化的。

面积变形就是（dF' - dF）与 dF 之比，用 v_P 表示，即

$$v_P = (\mathrm{d}F' - \mathrm{d}F)/\mathrm{d}F = P - 1 \tag{4-7}$$

球面上半径为 r 的微分圆，投影到投影面上之后成为长轴为 ar，短轴为 br 的微分椭圆（图 4 – 6），其中 a、b 为主方向长度比，根据面积定义，可表示为

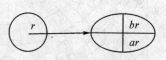

$$p = \mathrm{d}F'/\mathrm{d}F = \pi arbr/\pi r^2 = ab \tag{4-8}$$

图 4 – 6   面积变形示意图

如果投影后，经纬线仍为正交，则

$$p = ab = mn$$

如果投影后，经纬线不正交，即 $\theta \neq 90°$，则

$$p = mn\sin\theta \tag{4-9}$$

4.3.3   角度变形

角度变形指地面上任意两条方向线的夹角 α 与经过投影后的角度 α' 的差值 | $\alpha - \alpha'$ |，通常我们只研究最大角度变形。

下面来推导角度变形的计算式。

在图 4 – 7 中，有

$$\tan\alpha = \frac{y}{x} \tag{4-10}$$

$$\tan\alpha' = \frac{y'}{x} \tag{4-11}$$

$$y' = by \tag{4-12}$$

$$x' = ax \tag{4-13}$$

则

$$\tan\alpha - \tan\alpha' = \tan\alpha - \left(\frac{b}{a}\tan\alpha\right) = \tan\alpha\left(1 - \frac{b}{a}\right) \tag{4-14}$$

$$\tan\alpha + \tan\alpha' = \tan\alpha + \left(\frac{b}{a}\tan\alpha\right) = \tan\alpha\left(1 + \frac{b}{a}\right) \tag{4-15}$$

经三角变换为

$$\sin(\alpha - \alpha')/\cos\alpha\cos\alpha' = \frac{a-b}{a}\tan\alpha \tag{4-16}$$

$$\sin(\alpha + \alpha')/\cos\alpha\cos\alpha' = \frac{a+b}{a}\tan\alpha \tag{4-17}$$

将式（4 – 14）和式（4 – 15）左右两边分别相除再变换得

$$\sin(\alpha - \alpha') = \frac{a-b}{a+b}\sin(\alpha + \alpha') \tag{4-18}$$

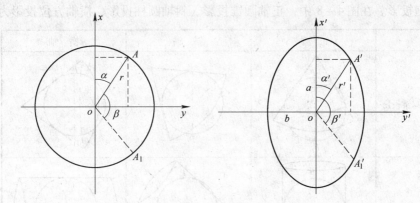

图 4-7　角度变形示意图

当 $\sin(\alpha + \alpha') = 1$，即 $\alpha + \alpha' = 90°$ 时，$\alpha - \alpha'$ 最大，即有

$$\sin(\alpha - \alpha') = \frac{a - b}{a + b} \tag{4-19}$$

因为 α 为任一方向与主方向的夹角，现假定任两方向的夹角为 β（OA 与 OA_1 对称），$|\beta - \beta'|$ 的最大值用 ω 表示，则

$$\omega = |\beta - \beta'| = |(180° - 2\alpha) - (180° - 2\alpha')| = 2|\alpha - \alpha'| \tag{4-20}$$

即 $\omega/2 = |\alpha - \alpha'|$，则

$$\sin\omega/2 = (a - b)/(a + b) \tag{4-21}$$

如果已知 m、n、θ，则

$$\sin\omega/2 = \sqrt{(m^2 + n^2 - 2mn\sin\theta)/(m^2 + n^2 + 2mn\sin\theta)} \tag{4-22}$$

4.4　地图投影分类

常用的有两种分类方法，按投影的构成方式分类或按投影的变形性质分类。

4.4.1　按构成方法分类

地图投影按构成方式可分为几何投影和非几何投影。

几何投影源于透视几何学原理，以几何特征为依据，将椭球面上的经纬网投影到可展几何面上（平面、圆柱面、圆锥面）。根据投影面的不同，几何投影可分为方位投影、圆柱投影和圆锥投影（图 4-8）。

方位投影是以平面作为投影面，使平面与球面相切或相割，将球面上的经纬线投影到平面上而成。

圆柱投影是以圆柱面作为投影面，使圆柱面与球面相切或相割，将球面上的经纬线投影到圆柱面上，然后将圆柱面展为平面而成。

圆锥投影是以圆锥面作为投影面，使圆锥面与球面相切或相割，将球面上的经纬线投影到圆锥面上，然后将圆锥面展为平面而成。

另外，根据球面与投影面的相对位置的不同，几何投影还可分为正轴投影、横轴投影和斜轴投影（图 4-8）。为调整变形分布，投影面可与地球相切或相割，从而又可以分为切投影和割投影。在图4-8中，正轴圆锥投影、斜轴圆柱投影、横轴方位投影为割投影。

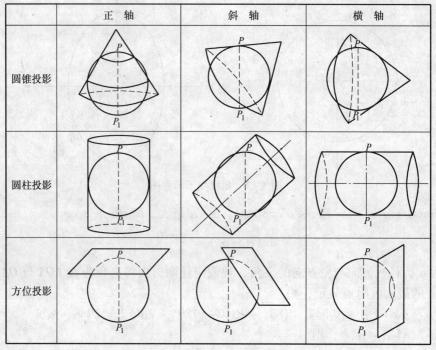

	正　轴	斜　轴	横　轴
圆锥投影			
圆柱投影			
方位投影			

图4-8　几何投影的分类

　　正轴方位投影的投影表象是：纬线投影为一组同心圆，经线投影后成为交于投影中心的直线束，也即同心圆的半径，两经线间的夹角与实地经度差相等。正轴圆柱投影的表象为：经线投影为平行直线，平行线间的距离和经差成正比；纬线投影成为一组与经线正交的平行直线，平行线间的距离视投影条件而异；和圆柱面相切的赤道弧长或相割的两条纬线的弧长为正长无变形。正轴圆锥投影的经纬线表象为：纬线投影为一组同心圆弧，经线投影成放射状直线束。正轴位置时，方位投影、圆柱投影和圆锥投影的经纬线表象如图4-9所示。

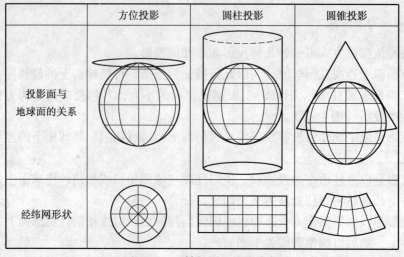

	方位投影	圆柱投影	圆锥投影
投影面与地球面的关系			
经纬网形状			

图4-9　正轴投影经纬线表象

非几何投影由几何投影演绎产生，不借助投影面而是根据制图的某些特定要求，选用合适的投影条件，用数学解析方法求出投影公式，确定球面与平面点与点之间的函数关系。

按经纬线的形状，非几何投影可分为伪方位投影、伪圆柱投影、伪圆锥投影和多圆锥投影。

伪方位投影是在方位投影的基础上，根据某些条件改变经线形状而成，规定纬线仍投影为同心圆，除中央经线为直线外，其余均投影为对称中央经线的曲线。

伪圆柱投影是在圆柱投影基础上，根据某些条件改变经线形状而成，规定纬线仍为平行直线，除中央经线为直线外，其余均投影为对称中央经线的曲线。

伪圆锥投影是在圆锥投影基础上，根据某些条件改变经线形状而成，规定纬线仍为同心圆弧，除中央经线为直线外，其余均投影为对称中央经线的曲线。

多圆锥投影的几何构成可理解为对地球上每一定纬度间隔的纬线作一切圆锥，然后将这些圆锥系列沿一母线展开（图4－10）。纬线投影为同轴圆弧，其圆心都在中央经线的延长线上。中央经线为直线，其余经线投影为对称于中央经线的曲线。

伪方位投影、伪圆柱投影、伪圆锥投影和多圆锥投影的经纬线表象如图4－11所示。

正轴位置时，各类投影经纬线特征如表4－1所示。

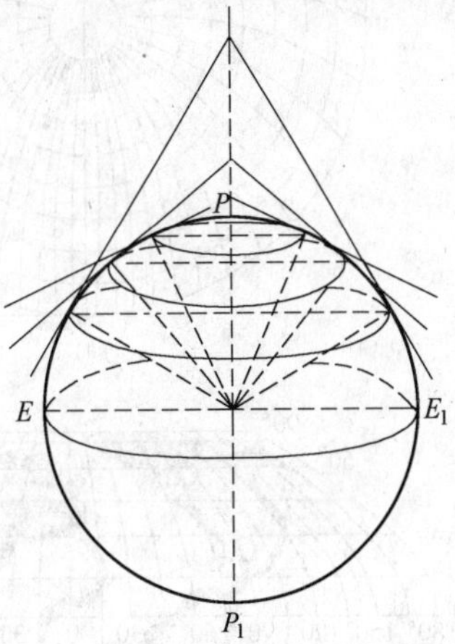

图4－10　多圆锥投影示意图

表4－1　正轴投影经纬线特征

投影名称	经纬线形状		限定特征
	经　线	纬　线	
圆锥投影	直线束	同心圆弧	经线间隔相等，交于纬线圆心
方位投影	直线束	同心圆	经线间隔相等，交于纬线圆心，经线夹角等于经差
圆柱投影	平行直线	平行直线	经纬线正交，经线间隔相等
伪圆锥投影	中央经线为直线，其余经线为对称于中央直经线的曲线	同心圆弧	经线交于纬线的共同圆心
伪方位投影		同心圆	
伪圆柱、多圆柱投影		平行直线	极点可投影为点（线）
多圆锥投影	对称于中央经线的曲线	同轴圆弧	圆心位于中央经线上

4.4.2　按变形性质分类

地图投影按变形性质可分为等角投影、等积投影和任意投影。

等角投影在投影前后保持形状不变，则必须在任一点上永远保持 $a=b$，即：经纬线夹角 $\theta=90°$；$m=n$；$\omega=0$。等角投影面积变形大，由于具有保角性，适用于交通图、洋流图、风向图等要求形状正确的用图。

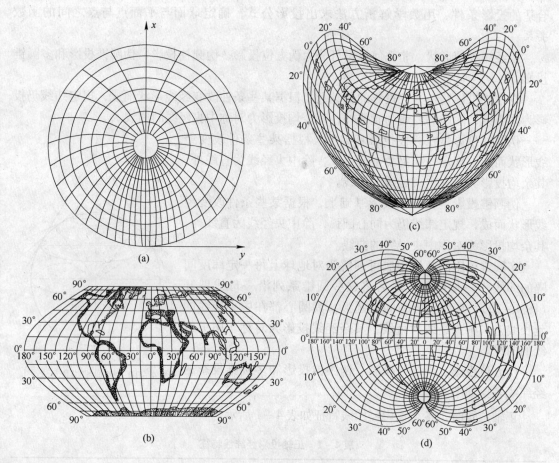

图 4 - 11　各类非几何投影

（a）伪方位投影；（b）伪圆柱投影；（c）伪圆锥投影；（d）多圆锥投影

等积投影在投影前后面积保持不变，则必须满足条件 $p = 1$，即：$ab = 1 = mn\sin\theta$。等积投影角度变形大，利于面积对比，适用于对面积精度要求较高的自然地图和社会经济地图。

任意投影中，长度、形状、面积三种变形同时存在，变形情况介于等角与等积之间，其中比较常见的投影为等距投影，即沿某一特定方向 $\mu = 1$。

对于等距投影，要求变形椭圆中 $a = 1$ 或 $b = 1$，通常正轴投影时，指沿经线方向上等距离，即 $m = 1$。

任意投影多适用于对面积变形和角度变形都不希望太大的一般参考图和中小学教学用图。

各种变形性质不同的地图投影中变形椭圆的形状如图 4 - 12 所示。

通过比较可以看出：

（1）等积投影不能保持等角特性，等角投影不能保持等积特性。

（2）任意投影不能保持等积、等角特性。

（3）等积投影的形状变化比较大，等角投影的面积变形比较大。

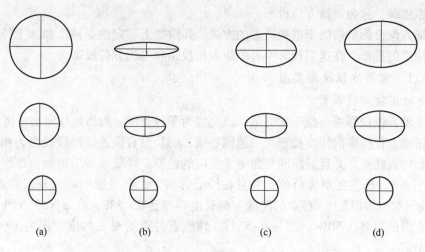

图 4 - 12　各种变形性质投影的变形椭圆示意图

（a）等角投影；（b）等积投影；（c）等距投影；（d）任意投影

4.4.3　地图投影的命名

地图投影的各种类型结合在一起，组成了地图投影的名称，如正轴等角切（割）方位投影、正轴等角切（割）圆柱投影等（图 4 - 13）。

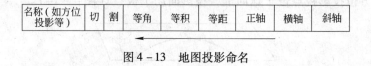

名称（如方位投影等）	切	割	等角	等积	等距	正轴	横轴	斜轴

图 4 - 13　地图投影命名

4.5　几类常用投影

4.5.1　方位投影

方位投影是以平面作为投影面，使平面与地球表面相切或相割，将地球面上的经纬线投影到平面上所得到的图形。本节只介绍常用的切方位投影（将地球视为半径为 R 的球体）。

方位投影可分为透视方位投影和非透视方位投影两类。

透视方位投影利用透视法把地球表面投影到平面上，透视方位投影的点光源或视点位于垂直于投影面的地球直径及其延长线上，由于视点位置不同，因而有不同的透视方位投影：当视点（光源）位于地球球心，即视点距投影面距离为 R 时，称为中心射方位投影或球心投影；当视点或光源位于地球表面，即视点到投影面距离为 $2R$ 时，称为平射方位投影或球面投影。当视点或光源位于无限远时，投影线（光线）成为平行线，称为正射投影。

根据投影面和地球球体相切位置的不同，透视投影可分为三类：当投影面切于地球极点时，称为正轴投影；当投影面切于赤道时，称为横轴方位投影；当投影面切点既不在极点也不在赤道时，称为斜轴方位投影。

非透视方位投影是借助于透视投影的方式，并附加上一定的条件，如加上等积、等距等条件所构成的投影。在这类投影中有等距方位投影和等积方位投影。

4.5.1.1　常用方位投影类型

A　正射正轴方位投影

正射正轴方位投影视点位于无穷远，故光线为平行直线。投影面假定切于极点。

正射正轴方位投影的纬线投影为一组同心圆，而且没有误差。经线投影为相交于纬线同心圆圆心的直线束，并且经线间夹角等于相应的经差。经线投影后缩短，即经线方向上的长度比小于 1，长度变形为负值，并且在经线方向上，自投影中心向外误差逐渐增大。在纬度为 $\varphi = 45°$ 的纬线上，各点的经线方向长度误差达 29.3%；在 $\varphi = 30°$ 的纬线上，各点沿经线方向的误差达 50%。当 $\varphi = 45°$ 时，纬线上各点的最大角度变形为 19°45′，$\varphi = 30°$ 时为 38°57′。

此投影误差表现形式为：自投影中心向外，纬线间隔逐渐减小。

正射投影由于视点位于无穷远，和我们观察天体时的情况相似，故它常用来编制星图。

B　平射正轴方位投影

平射正轴方位投影又称等角方位投影或球面投影。

a　投影条件

平射正轴方位投影视点位于球面上，投影面切于极点（图 4 – 14）。

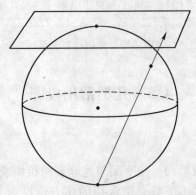

图 4 – 14　平射正轴方位投影示意图

b　特点

纬线投影为以极点为圆心的扩大 3 倍的同心圆，即纬线方向上的长度比大于 1，赤道上的长度变形比原来扩大 1 倍。

经线投影为以极点为圆心的放射性直线束，经线夹角等于相应的经差，沿经线方向上的长度比大于 1，赤道上各点沿经线方向上的长度变形比原来扩大 1 倍。

这种投影的误差分布规律是：由投影中心向外逐渐增大。

经纬线投影后，仍保持正交，所以经纬线方向就是主方向，又因为 $m = n$，即主方向长度比相等，由此可见球面投影完全满足等角投影条件，所以球面投影为等角投影。

这种投影没有角度变形，但面积变形较大，在投影边缘面积变形是中心的 4 倍。

C　正轴等距方位投影

正轴等距方位投影属于非透视投影，它是借助于正轴方位投影的方式，并附加上等距的条件，即投影后经线保持正长，经线上纬线间距保持相等。

正轴等距方位投影的纬线投影为同心圆，经线投影为交于纬线同心的直线束，经纬线投影后正交，经纬线方向为主方向（图4-15）。

该投影的特点是：经线投影后保持正长，所以投影后的纬线间距相等；纬线投影后扩大，且自投影中心向外，经线扩大的程度是增加的，如当$\varphi = 30°$时，在纬线方向扩大的程度比原来多21%，当$\varphi = 0°$时达57%，面积等变形线为以投影中心为圆心的同心圆（图4-16）。

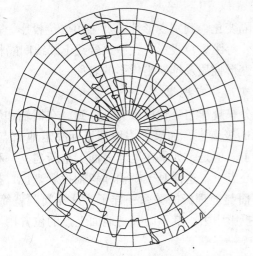

图4-15　正轴等距方位投影经纬线表象

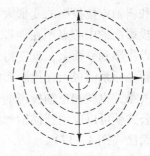

图4-16　等变形线

在此投影中，球面上的微圆投影为椭圆，且误差椭圆的长半径和纬线方向一致，短半径与经线方向一致，并且等于微圆半径r。又由于自投影中心纬线扩大的程度越来越大，所以变形椭圆的长半径也越来越长，椭圆就越来越扁了。

等距方位投影属于任意投影，它既不等积也不等角。

正轴等距方位投影常用来做两极的投影。

D　等积横轴方位投影

在该投影中，投影面切于赤道上，面积没有误差，通过投影中心的中央经线和赤道投影为直线，其他经纬线都是对称于中央经线和赤道的曲线。其特点是在中央经线上从中心向南、向北，纬线间隔是逐渐缩小的，在赤道上自投影中心向西、向东，经线间隔也是逐渐缩小的。

该投影常用于制东西半球。

E　等积斜轴方位投影

等积斜轴方位投影中，投影面切于两极和赤道间的任意一点上，投影的条件是面积保持不变。

在这种投影中，中央经线投影为直线，其他经线投影为对称于中央经线的曲线，纬线投影为曲线。其特点是在中央经线上自投影中心向上、向下，纬线间隔是逐渐缩小的，若中央经线上的纬线间隔相当，那就是等距斜轴方位投影，若间隔是逐渐增大的，则是等角斜轴方位投影。

等积和等距斜轴方位投影，常用作大洲图、水陆半球图、地震图、航空图和导弹发射图。

4.5.1.2　几种方位投影变形性质的图形判别

方位投影的经纬线形式具有共同的特征，判别时先看构成形式（经纬线网），再判别是正轴、横轴或是斜轴方位投影。对于正轴投影而言，其纬线为以中心为圆心的同心圆，经线为放于投影心的放射状直线，夹角相等。对于横轴投影而言，赤道与中央经线为垂直的直线，其他经纬线为曲线。对于斜轴投影而言，除中央经线为直线外，其余的经纬线均为曲线。

然后根据中央经线上经纬线图的间隔变化，判别变形性质。等角方位投影，在中央经线上纬线间隔从投影中心向外逐渐缩小，等距方位投影，在中央经线上纬线间隔相等。

根据以上特点可以判断方位投影的变形性质及推断出投影的名称。

4.5.1.3　横轴和斜轴方位投影的变形分布规律

横轴和斜轴方位投影的变形大小和分布规律与正轴投影完全一致。在横轴和斜轴投影中，由于投影面的中心点不在地理坐标的极点上，如果仍用地理坐标决定地面点的位置，并将这一点投影到平面上，就变得复杂了。但是，如果在地球表面上重新建立一种新的坐标系，使新坐标系的极点在投影面的中心点上，这样对于横轴和斜轴投影来说，投影面与新极点的关系，也就和正轴投影的投影面与地理极的关系一样了，这样问题就简单多了，正轴时的公式就可以应用到横轴和斜轴投影中去，其不同只是地面上点的位置用不同的坐标系表示而已（图 4 - 17）。

先介绍建立这种球面坐标系的方法。在地球球面上选择一点 p 作为球面坐标系的极。投影面在 p 点与地球面相切，过新极点 p 可做许多大圆，命名为垂直圈，再作垂直于垂直圈的各圈，命名为等高圈。这样垂直圈相当于地理坐标系的经线圈，等高圈相当于纬线圈，这样等高圈和垂直圈投影后的形式和变形分布规律和正轴方位投影时情况完全一致（图 4 - 18）。

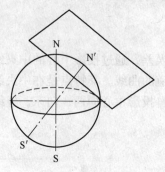

图 4 - 17　新地理极

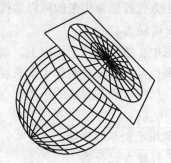

图 4 - 18　等高圈和垂直圈

所以无论是正轴方位投影还是横轴方位投影或是斜轴方位投影，它们的误差分布规律是一致的。它们的等变形线都是以投影中心为圆心的同心圆，所不同的是在横轴和斜轴方位投影中，主方向和等高圈、垂直圈一致，而经纬线方向不是主方向。

4.5.1.4 方位投影的总结

方位投影的特点是：在投影平面上，由投影中心（平面与球面的切点）向各方向的方位角与实地相等，其等变形线是以投影中心为圆心的同心圆。

绘制地图时，总是希望地图上的变形尽可能小，而且分布比较均匀。一般要求等变形线最好与制图区域轮廓一致。因此，方位投影适合绘制区域轮廓大致为圆形的地图。

从区域所在的地理位置来说，两极地区和南、北半球图采用正轴方位投影；赤道附近地区和东、西半球图采用横轴方位投影；其他地区和水、陆半球图采用斜轴方位投影。

4.5.2 圆柱投影

假定以圆柱面作为投影面，把地球体上的经纬线网投影到圆柱面上，然后沿圆柱面的母线把圆柱切开展成平面，就得到圆柱投影。

当圆柱面和地球体相切时，称为切圆柱投影，和地球体相割时，称为割圆柱投影。

由于圆柱和地球体相切、相割的位置不同，圆柱投影又分为正轴、横轴和斜轴圆柱投影三种。

（1）正轴圆柱投影：圆柱的轴和地球的地轴一致。

（2）横轴圆柱投影：圆柱的轴和地轴垂直并通过地心。

（3）斜轴圆柱投影：圆柱的轴通过地心，和地轴不垂直不重合。

在上述三种投影方式中，最常用的是正轴圆柱投影。

圆柱投影按变形性质可分为等角圆柱投影、等积圆柱投影和任意圆柱投影。

4.5.2.1 等角正轴切圆柱投影

等角正轴切圆柱投影是荷兰地图学家墨卡托于 1569 年所创，所以又称墨卡托投影。

在墨卡托投影中，赤道投影为正长，纬线投影成和赤道等长的平行线段，即离赤道越远，纬线投影的长度也越大。为了保持等角条件，必须使地图上的每一点的经线方向上的长度比和纬线方向上的长度比相等，所以随着纬线长度比的增加，相应经线方向上的长度比也得增加，并且增加的程度相等。所以，在墨卡托投影中，从赤道向两极，纬线间隔越来越大（图 4 – 19）。

在墨卡托投影中，面积变形最大，如在纬度 60° 地区，经线和纬线比都扩大了 2 倍，面积比 $P = mn = 2 \times 2 = 4$，扩大了 4 倍，愈接近两极，经纬线扩大的越多，在 $\varphi = 80°$ 时，经纬线都扩大了近 6 倍，面积比扩大了 33 倍，所以墨卡托投影在 80° 以上高纬地区通常就不绘出来了。图 4 – 20 为墨卡托投影的等变形线示意图。

墨卡托投影被广泛应用于航海和航空方面，这是因为等角航线（或称斜航线）在此投影中表现为直线。所谓等角航线，就是地球表面上与经线相交或相同角度的曲线，或者说地球上两点间的一条等方位线，船只要按照等角航向航行，不用改变方位角就能从起点到达终点。由于经线是收敛于两极的，所以地球表面上的等角航线是除经线和纬线以外，以极点为渐近点的旋转曲线，因墨卡托投影是等角投影，而且经线投影为平行直线，那么两点间的那两条等方位螺旋线在投影中只能是连接该两点的一条直线。

等角航线在墨卡托投影图上表现为直线，这一点对于航海航空具有重要意义。因为有这个特征，航行时，在墨卡托投影图上只要将出发地和目的地连一直线，用量角器测出直线与经线的夹角，船上的航海罗盘按照这个角度指示船只航行，就能到达目的地。

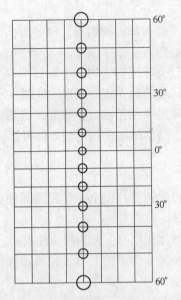

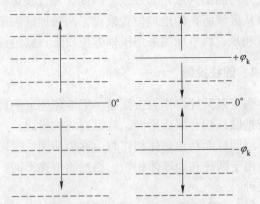

图 4 - 19　墨卡托投影变形示意图　　　图 4 - 20　墨卡托投影的等变形线

但是，等角航线不是地球上两点间的最短距离。地球上两点间的最短距离是通过两点的大圆弧，又称大圆航线或正航线。大圆航线与各经线的夹角是不等的，因此它在墨卡托投影图上为曲线。

远航时，完全沿着等角航线航行，走的是一条较远路线，是不经济的，但船只不必时常改变方向，而大圆航线是一条最近的路线，但船只航行时要不断改变方向，如从非洲的好望角到澳大利亚的墨尔本，沿等角航线航行，航程是 6020 海里，沿大圆航线航行是 5450 海里，二者相差 570 海里（约 1000 公里）（图 4 - 21）。

实际上在远洋航行时，一般把大圆航线展绘到墨卡托投影的海图上，然后把大圆航线分成几段，每一段连成直线，就是等角航线。船只航行时，总的情况来说，大致是沿大圆航线航行，因而走的是一条较近路线，但就每一段来说，走的又是等角航线，不用随时改变航向，从而领航十分方便。

4.5.2.2　等距正轴圆柱投影

下面以等距正轴切圆柱投影为例进行变形分析。

（1）投影条件。圆柱面切于赤道，故赤道的投影为正长，经线投影后的长度为正长。

（2）特点及误差分析。赤道投影后为正长无变形，纬线投影后均变成与赤道等长的平行线段，因此离赤道越远，纬线投影后产生的误差也就越大。经线投影后为正长，为垂直于纬线的一组平行线，经线方向长度比为1，经线上纬线间隔相等。该投影的主方向就是经纬线方向。

用误差椭圆来分析投影误差规律和特点。误差椭圆的短半径和经线方向一致，且等于球面微圆的半径，长半径和纬线方向一致，且离开赤道越远伸长的就越多，误差越大。面积变形、角度变形是离开赤道逐渐增大的。

（3）用作图法绘制等距圆柱投影。等距正轴切圆柱投影的经纬线网可用作图法绘出。绘一横线作为赤道的投影，按主比例尺计算出规定的经差所对应的赤道弧长。按此长度在

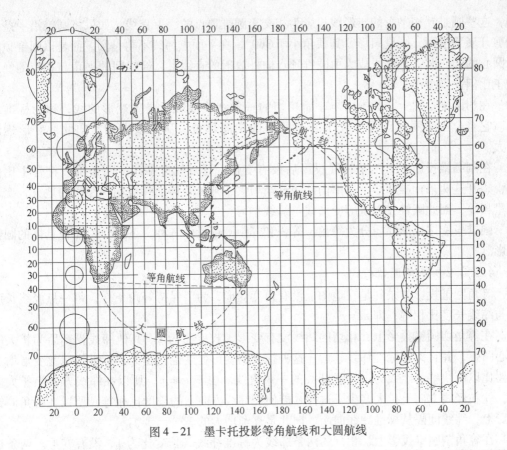

图 4-21　墨卡托投影等角航线和大圆航线

赤道上截取各经线的交点，过各点作赤道的垂线，根据投影条件，经线按主比例尺计算其投影长度，再在垂线上截取，即得经线投影。按规定的纬差在经线上截取相应的子午线弧长，连接各经线上纬差相等的各点，即为纬线的投影。

当规定的经差和纬差相等时，经纬线网投影呈正方形网格，因此等距正轴切圆柱投影又简称圆柱投影或方格投影。

在等距割圆柱投影中，经线保持正长，圆柱和地球相割，割纬线正长。经线的间距即指定经差的割纬线弧长，纬线的间距即指定纬差的子午线弧长。在经差和纬差相等时，割纬线的弧长小于子午线的弧长，因此等距割圆柱投影的经纬线网为长方形的网格。

4.5.3　圆锥投影

4.5.3.1　圆锥投影的概念和种类

圆锥投影是以假定的圆锥面作为投影面，使圆锥面和地球体相切或相割，将球面上的经纬线投影到圆锥面上，然后把圆锥面沿一条母线剪开展为平面而成。当圆锥面与地球相切时，称为切圆锥投影，当圆锥面与地球相割时，称为割圆锥投影。

按圆锥面与地球相对位置的不同，圆锥投影可分正轴、横轴和斜轴圆锥投影，但横轴、斜轴圆锥投影实际上很少应用。所以，凡在地图上注明是圆锥投影的，一般都是正轴圆锥投影。

切圆锥投影，视点在球心，纬线投影到圆锥面上仍是圆，不同的纬线投影为不同的圆，这些圆是互相平行的，经线投影为相交于圆锥顶点的一束直线。如果将圆锥沿一条母线剪开展为平面，则呈扇形，其顶角小于360°。在平面上纬线不再是圆，而是以圆锥顶点为圆心的同心圆弧，经线成为由圆锥顶点向外放射的直线束，经线间的夹角与相应的经差成正比但比经差小。

在切圆锥投影上，圆锥面与球面相切的一条纬线投影后是不变形的线，称为标准纬线。它符合主比例尺，通常位于制图区域的中间部位。从切线向南、向北，变形逐渐增大。

在割圆锥投影上，两条纬线投影后没有变形，是双标准纬线。两条割线符合主比例尺，离开这两条标准纬线，变形向两边逐渐增大，凡是距标准纬线相等距离的地方，变形数量相等，因此圆锥投影上等变形线与纬线平行。

圆锥投影按变形性质分为等角、等积和等距圆锥投影三种，下面介绍几种具体的圆锥投影。

4.5.3.2　等角圆锥投影

等角圆锥投影的条件是在地图上没有角度变形，为了保持等角条件，每一点经线长度比与纬线长度比相等，即 $m = n$。

在等角切圆锥投影上，相切的纬线没有变形，长度比为1。其他纬线投影后为扩大的同心圆弧，并且离开标准纬线越远，这种扩大的变形程度也就越大，标准线以北变形增加的要比以南快些。经线为过纬线圆心的一束直线。由于 $m = n$，所以在纬线方向上扩大多少，就在经线方向上扩大多少，这样才能使经纬线方向上的长度比相等。所以在等角圆锥投影上，纬线间隔从标准纬线向南、向北是逐渐增大的。

在等角割圆锥投影上，相割的两条纬线为标准纬线，长度比为1，没有变形。两条标准纬线之间的纬线长度比小于1，即投影后的纬线长比圆面上相应纬线缩短了，变形离开标准纬线向负的方向增大。两条标准纬线之外，纬线长度比大于1，离开标准纬线长度变形逐渐增大。经线的变形长度也是如此。所以在等角割圆锥投影上，从两条标准纬线向外，纬线间距是逐渐增大的。从两条标准纬线逐渐向里，纬线距离是缩小的。等角圆锥投影面积变形大。

双标准纬线等角圆锥投影，广泛应用于中纬度地区的分国地图和地区图。例如，《中国地图集》各分省图就是用的这种投影。《世界地图集》大部分分国地图也是采用该投影。世界上有些国家如法国、比利时、西班牙也都采用此投影作为地形图的数学基础。此外，西方国家出版的许多挂图地图集也已广泛采用等角圆锥投影。

4.5.3.3　等积圆锥投影

等积圆锥投影的条件是地图上面积比不变。

在等积切圆锥投影上，相切的纬线没有变形，长度比为1，其他纬线投影后均扩大，并且离开标准纬线越远，这种变形也就越大。所以投影后要保持面积相等，在纬线方向上变形扩大多少倍，那么在经线方向上就得缩小多少。所以在等积切圆锥投影图上，纬线间隔从标准纬线向南、向北是逐渐缩小的。

等积割圆锥投影中，两条纬线为标准纬线，其长度比等于1。两条标准纬线之间，纬线长度比小于1，要保持面积不变，经线长度必须相应扩大，所以在两条标准纬线之间，纬线间隔越向中间就越大。在两条标准纬线之外纬线长度比大于1，要保持等积，经线长度相应地缩小，并且经线方向上缩小的程度和相应纬线上扩大的程度相等。因此由两条标准纬线向外，纬线间是逐渐缩小的。等积圆锥投影上面积没有变形，但角度变形比较大，离开标准纬线越远，角度变形也就越大。等积圆锥投影常用以编制行政区划图、人口密度图及社会经济地图或某些自然图。当制图区域所跨纬度较大时，常采用双标准纬线等积圆锥投影。它是绘制我国地图时常采用投影之一，其他国家出版的许多图集也采用该投影。

4.5.3.4 等距圆锥投影

等距圆锥投影的条件是经线投影后保持正长，即经线方向上的长度比是1，没有变形，在标准纬线上也均无变形。除此以外其他纬线均有变形。

等距切圆锥投影，从标准纬线向南、向北纬线长度比大于1，离开标准纬线越远纬线长度变形、面积变形、角度变形也越大。

等距割圆锥投影上，两条标准纬线内，纬线长度比小于1，面积变形向负方向增大，两条标准纬线之外，纬线长度比大于1，面积变形向正方向增加。角度变形离标准纬线越远变形越大。

等距圆锥投影在面积变形方面比等角圆锥投影要小，在角度变形上比等积圆锥投影要小。这种投影图上最明显的特点是：纬线间隔相等。这种投影变形均匀，常用于编制各种教学用图和中国大陆交通图。

对圆锥投影的总结如下：

圆锥投影的特点：纬线是同心圆弧，经线是放射状直线束，经纬线互相垂直，经纬线方向是主方向。等变形线是平行于纬线的同心圆弧，离开标准纬线越远变形越大。

圆锥投影适合绘制中纬度沿东西方向延伸地区的地图。

4.5.3.5 圆锥投影和方位、圆柱投影之间的关系

方位投影和圆柱投影都可看成是圆锥投影的特例，圆锥体的顶角越大就越接近方位投影。当圆锥顶角为180°时，就是方位投影，相反如果圆锥体的顶角小到0°，则圆锥就变成了圆柱，就得到了圆柱投影。圆锥、圆柱和方位投影的经纬线形势虽不相同，但投影变形的规律无论是正轴、横轴和斜轴，变形的形式是相似的，变形的性质都能从纬线投影上的间距表现出来。判别以上投影的性质时，可根据纬线间距的增大、减小或相等的情况来确定。

4.5.4 世界地图投影

目前用于编制世界地图的投影，从大类来看主要有多圆锥投影、圆柱投影和伪圆柱投影。我国用于编制世界地图的投影有等差分纬线多圆锥投影和正切差分纬线多圆锥投影。欧美一些国家及亚洲的日本等国用于编制世界地图的投影主要是摩尔威特投影。另外还有各国用于编制世界航海图的墨卡托投影，用作陆地卫星影像数学基础的空间斜轴墨卡托投影。

4.5.4.1 多圆锥投影

所谓多圆锥，即圆锥的顶点不是一个，各纬线是同轴圆弧，其圆弧的圆心都在中央经线上；除中央经线投影成直线外，其他经线均投影成对称于中央经线的曲线。由于多圆锥投影经纬线除中央经线和赤道以外均投影成曲线，因此有较好的球形感。同时角度变形和面积变形都比较适中，尤其中纬度地区变形更小，故我国设计了等差分纬线多圆锥投影和

正切差分纬线多圆锥投影，用于编制世界地图。

A 等差分纬线多圆锥投影

等差分纬线多圆锥投影是中国地图出版社于 1963 年设计的一种面积变形不大的任意投影。赤道和中央经线投影后是互相垂直的直线，其他纬线为对称于赤道的同轴圆弧，其圆心均在中央经线的延长线上，其他经线为对称于中央经线的曲线，极点投影成圆弧。赤道长度比大于 1，中央经线长度比等于 1，极点所投影的圆弧长度为赤道的 1/2。经线间隔随离中央经线距离的增加而按等差级数递减。等差分纬线多圆锥投影陆地部分变形分布比较均匀，其轮廓形状比较接近真实，且从整体构图上有较好的球形感。该投影完整地表现了太平洋及沿岸国家，突出了我国与太平洋各国之间的联系。中央经线和 ±44° 纬线的交点处没有角度变形，我国境内绝大部分地区的角度变形在 10° 以内，只有少数地区可达13°左右。面积比等于 1 的等变形线自西向东贯穿我国中部，我国境内绝大部分地区的面积变形在 10% 以内（图 4 - 22）。

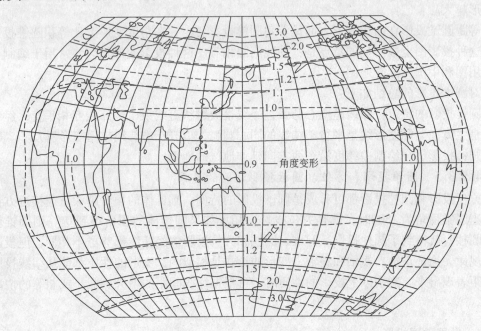

图 4 - 22 等差分纬线多圆锥投影

B 正切差分纬线多圆锥投影

正切差分纬线多圆锥投影是中国地图出版社于 1976 年设计的另外一种任意性质、不等分纬线的多圆锥投影。该投影属于角度变形不大的任意投影，总体来看，世界的大陆轮廓形状无明显变形，中央经线与纬度 ±44° 交点处无角度变形，愈向高纬度角度变形递增愈快。我国的形状比较正确，大陆部分最大角度变形均在 6° 以内。面积等变形线大致与纬线方向一致，纬度 ±30° 以内面积变形为 10% ~ 20%，愈向高纬面积变形愈大，在纬度±60°处增至 200%，到纬度 ±80° 以上区域可增至 400% ~ 500%。我国大部分地区的面积变形在 10% ~ 20% 以内，少部分地区最多可达 ±60% 左右。中国地图出版社 1981 年出版的 1∶1400 万世界地图，使用的就是该投影（图 4 - 23）。

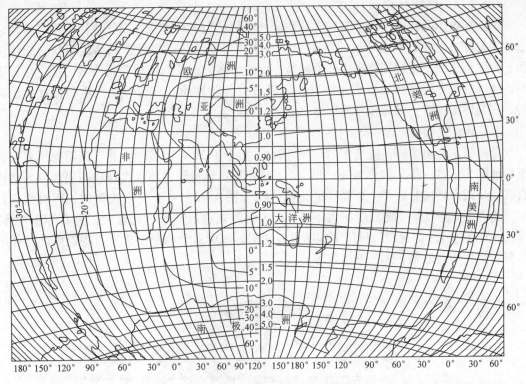

图 4-23 正切差分纬线多圆锥投影

4.5.4.2 圆柱投影

圆柱投影是假想用一圆柱表面与地球表面相切或相割，将球面经纬网投影到圆柱表面上，再沿圆柱面的某一条母线剪开展为平面，即成圆柱投影。按圆柱与球面的相对位置可分为正轴、横轴、斜轴投影，按变形性质不同又可分为等角、等积、等距投影。其中常用于世界地图的投影是墨卡托投影，以及适用于陆地卫星影像的空间斜轴墨卡托投影。墨卡托投影已在前文中介绍过，这里只介绍空间斜轴墨卡托投影。

空间斜轴墨卡托投影简称 SOM 投影，是美国针对陆地卫星对地面扫描图像的需要而设计的一种近似等角性质的投影。这种投影与传统的地图投影不同，是在地面点的地理坐标或大地坐标基础上，又加入了时间维，即在四维空间动态条件下建立的投影。空间斜轴墨卡托投影是将空间斜圆柱相切于卫星地面轨迹，使卫星地面轨迹成为该投影的无变形线，其长度比近似等于 1。这条无变形线是一条不同于球体上大圆线的曲线，因为卫星在沿轨道运动时地球也在自转，同时卫星轨道对地球赤道的倾角将卫星地面轨迹限制在 ±81°之间的地区。

该设想空间圆柱面为了保持与卫星地面轨迹相切，必须随卫星的空间运动而摆动，并且依据卫星轨道运动、地球自转、轨道运动和成像扫描镜摆动等几种主要运动条件，将经纬网投影到圆柱表面上。在该投影上，卫星地面轨迹为直线，卫星成像扫描线与卫星地面轨迹垂直，并且能正确反映上述几种运动的投影影响，可将地面影像直接投影在 SOM 投影面上。

4.5.4.3 伪圆柱投影

伪圆柱投影是在圆柱投影基础上，规定纬线仍然为平行直线，而经线则根据某些特定条件而设计成对称于中央经线的各类曲线的非几何投影。这类投影的纬线形状同圆柱投影，为平行直线，经线则投影成任意曲线，但通常多为正弦曲线或椭圆曲线。从变形性质看，伪圆柱投影的经纬线投影不正交，所以没有等角性质，只有等积性质和任意性质两种，在具体应用中，以等积性质居多。

A 桑逊投影

桑逊投影是由法国人桑逊于1650年所创，后于1729年由英国人弗兰斯蒂德用来编制世界地图而出名，故又称为桑逊-弗兰斯蒂德投影。该投影将纬线设计成间隔相等的平行直线，经线设计成对称于中央经线的正弦曲线（图4-24）。在这个投影中，所有纬线长度比均等于1，中央经线长度比大于1，距中央经线愈远其长度比愈大；具有等积性质，即面积比等于1。此投影最早用于编制世界地图，但更适合编制位于赤道附近南北延伸的地图，例如非洲地图、南美洲地图等。

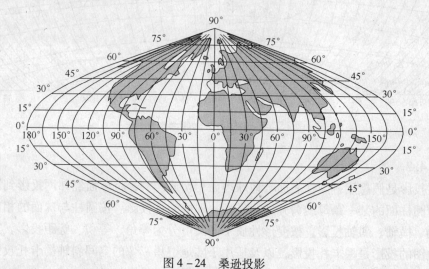

图4-24 桑逊投影

B 摩尔威特投影

摩尔威特投影由德国摩尔威特于1805年设计而得名，是一种等积性质的伪圆柱投影。摩尔威特投影的中央经线为直线，距离中央经线东西经差±90°的经线构成一个大圆，其面积等于地球面积的1/2，其余经线为椭圆（图4-25）。赤道长度是中央经线的2倍，纬线间隔由赤道向两极逐渐缩小，同一条纬线上经线间隔相等。中央经线和±40°44′11.8″的交点为没有变形的点，离这两点距离愈远变形愈大，而且向高纬比向低纬增大的速度快。摩尔威特投影用于编制世界地图或东西半球图。

C 古德投影

由于伪圆柱投影都存在远离中央经线变形增大的缺陷，为了使投影后的变形减小，并且使各部分变形分布相对均匀一些，美国古德于1923年提出了一种分瓣伪圆柱投影方法来绘制世界地图。其设计思想是将全制图区域根据需要确定若干个中央经线位置，然后进行分瓣投影，但要求分裂的各部分必须在赤道处连接在一起。采取这种投影方法的优点

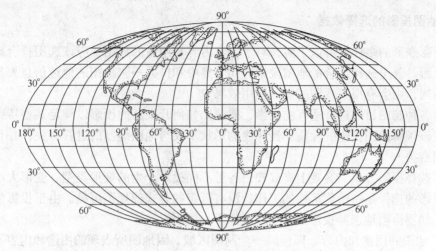

图4-25 摩尔威特投影

是，每瓣中央经线两侧投影区域不至于过大，因此每瓣经线的弯曲度减小，即经线交角与实地差别减小，变形也就减小。如果是以表现大陆为主的世界地图，则要求各大陆部分保持完整，不同大陆部分可采用不同中央经线。如果是以表现大洋为主的世界地图，则要求各大洋部分保持完整，而将大陆割裂开来。

为了进一步使大陆部分表现的好些，克服桑逊投影高纬部分变形大的缺憾，可采取分瓣组合投影的方法。具体做法是在纬度±40°之间区域用桑逊投影，在纬度±40°以外部分采用摩尔威特投影，构成摩尔威特－古德投影（图4-26）。

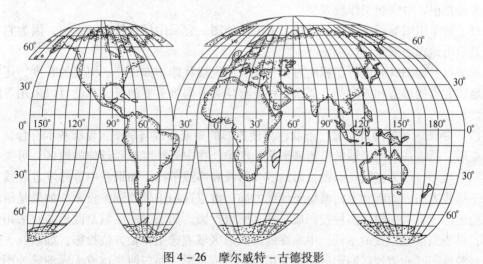

图4-26 摩尔威特－古德投影

4.6 地图投影应用

地图投影是地图数学基础中的重要组成部分，它是将地球椭球面上的景物科学、准确地转绘到平面图纸上的控制骨架和定位依据。因此，在编制地图过程中，对新编地图投影的选择与设计至关重要，它将直接影响地图的精度和使用价值。

4.6.1　地图投影的选择依据

从投影变形的多样性可以了解，对于一定内容和用途的地图，应该选用符合地图使用目的的投影。善于选择适合的地图投影有助于集中和扩大一张地图的地理信息，反之，投影选择不当，则会有损于地图的实际使用效果。

要为各种制图目的选择适宜的投影，需熟知如何开发新的投影以满足某些特殊制图的要求。应该了解地图投影的性质和经纬线的形状不仅与地图编制的过程有关，并且也和地图的使用有关。

为了选择投影方式，客观上需要知道各种不同投影产生的变形类型、变形大小和变形分布。投影的选择是一项创造性的工作，没有既定的公式或规范可循。由于投影的种类日益增多，如要恰当地选择投影就必须顾及如下一些因素。

（1）地图的用途和内容。即使同一个制图区域，因地图所表现的用途和内容不同，其地图投影的选择也应有所不同。

自然和社会经济地图，例如经济地图、行政区划图，人口密度图、地质图、地貌图和水文图等一般均采用等积投影来编制。这类图上各编图要素的面积和实地相比均应有正确的比值。采用此种投影的角度变形较为显著，长度变形也可能较大，但这些对上述地图来说并非是主要的。

航海图、航空图、导航图等要求方向正确的地图一般多采用等角投影，如航海图常采用墨卡托投影，一方面在该投影中等角航线的表象为直线，能较正确地表示海洋的流向和航向，另一方面等角投影在小区域内，点与点之间的关系无角度变形，从而保持图形的形状与实地相似，对领航工作较方便。

对于教学用图等要求各种变形都不太大的地图，宜采用任意性质的投影，因为它能明确地显示出地理的概念。

如果有些地图既要进行面积的对比，又要研究线状地物如道路、河流的长度，还要注意各地貌要素的形态和方向等，那么各种变形均具有同等重要的意义，就可以采用等距离投影。

（2）制图区域的地理位置、形状。要使投影的等变形线与制图区轮廓基本符合，可以减少变形，所以从制图区域的位置和形状上考虑，在中等纬度东西延伸的地区，可采用正轴切圆锥投影，因为正轴切圆锥投影的等变形线和纬线平行。如果是中等纬度且经线方向略窄于纬线方向，即南北方向略短于纬线方向，可以选用正轴割圆锥投影。如果是沿经线伸展的地区，宜采用横轴圆柱投影或正轴多圆锥投影。如果制图区域是圆形，宜采用方位投影，再根据区域位置的不同，中纬度地区圆形区域宜选用斜轴方位投影，如欧亚大陆或北美洲等地图，赤道地区圆形区域则采用横轴方位投影，如东西半球或大洋洲等地图，两极地区圆形区域则采用的是正轴方位投影。在低纬度和赤道地区，可以采用正轴圆柱投影，因为这种投影的等变形线是同纬线一致的。针对任意沿斜方向延伸的地区，常采用斜轴圆柱投影或斜轴圆锥投影，如前苏联远东地区等。对于三大洋来说，为使等变形线与轮廓一致，可选用伪圆柱投影。

（3）制图区域的范围。制图区域的范围会对投影选择产生影响，因为制图范围的增大会使投影选择更为复杂，需要考虑的投影选择种类就更多。在小区域内，各种特定的要求很容易同时得到满足，更不必过多地考虑地图的用途和所含内容等方面的要求。所以地图投影的选择问题，实际上主要是编制大地区小比例尺地图的问题。此时如要选择投影，除了需要根据地区的形状位置，地图的内容、使用方法以及对变形分布的要求一起加以考虑外，有时还要顾及经纬线网的形状、图幅配置等因素。为此，不可能选用少数几种投影满足大区域地图的各种要求，那就需要有多种不同的投影类型以供各种地图选用。

（4）制图比例尺。比例尺不一样，精度要求不同，投影选择也不同。对于大比例尺地图，各方面要求的精度较高，所以要选择变形较小的地图投影，如高斯投影。

（5）出版方式。单幅图投影的选择比较简单，只考虑以上几原则即可。系列图或地图集中的一个图组应选同一变形性质的投影，地图集在投影选择上既不千篇一律也不能太多，尽量采用同一系统的投影，再根据个别内容的特殊要求，在变形性质上予以适当的变化。

4.6.2　地图投影的判别

4.6.2.1　地图投影的判别的必要性

地图投影是地图的数学基础，直接影响地图的使用。有很多的地理知识是从地图上获得的，如果选用的投影不当，往往会得出错误的结论。当地图缺乏数学基础的说明时，使用图者为研究和使用地图就必须作出一定的分析与判别工作，即对地图的经纬网做一般的观察，判别经纬线的形式，根据投影知识，参考对照各种投影的标准图样进行分析比较，必要时还要做些量算，大体确定地图投影类型。

对于投影的精确判定，比例尺越大，判断越困难，因为区域小变形小，再加上制图、印刷、量测精度等的影响，变形值反映的不真实。而比例尺越小，图内形状、面积的变异较显著，易发现矛盾所在，判别较容易。

4.6.2.2　小比例尺地图常用投影的判别

小比例尺地图投影一般从以下几方面考虑：

（1）根据地图确定投影系统（按经纬线形状判别），如方位投影、圆柱投影、圆锥投影、伪圆柱投影、伪圆锥投影、多圆锥投影等。判断图上的经纬线是圆弧还是任意曲线，可用下面方法：

用一条透明纸覆盖在图面的经纬线上，任选 A、B、C 三点，然后移动透明纸到经纬线的另一位置，若 A、B、C 三点仍与经纬线一致，则说明此经纬线是圆弧，否则为其他曲线。若两圆弧间距相等，则为同心圆弧。

（2）根据地图确定投影变形的性质。判别时先根据经纬网的形状、面积等特点做一个判断：

1）经纬线不正交，则不可能是等角投影。

2）同纬带内由同经差构成的球面梯形在图面上面积大小悬殊，则肯定是非等面积投影。

3）在直经线上同纬差的纬线所截各经线线段长度不同，则不是沿经线的等距投影。

一般利用变形较大的图幅边缘部分与变形小的图幅中间部分进行比较、对照，不能肯定时，需做些量算。

1）判断是否为等角投影：当经纬线投影后为正交时，计算经纬线交点上的长度比，若不同位置的若干点上均有 $m = n$，则为等角投影；若 $mn = 1$，则为等面积投影；若 m 等于 1 或某一常数，则为等距投影。

2）判断是否为等面积投影：可量测一些同纬度带内同经差而位置不同的球面梯形投影后的面积，若面积相同，则有可能为等面积，然后再计算面积比，若 p 等于 1 或某一常数，则肯定为等面积投影。

3）当经纬线不正交时，可测其夹角 θ 和 m、n，再算出 a、b，以此判断有无等面积、等距离的性质。

对某些投影也可观察经纬线网格的变化来判别。例如，对于方位投影，正轴时，可观察纬线的间隔；横轴时，可观察中央经线上纬线的间隔和赤道上经线的间隔；斜轴时可观察中央经线上纬线的间隔。对于圆柱投影，正轴时，可观察纬线间隔。

（3）根据地图确定投影形式。这是前两项工作的继续，即对初步结论的正确性进行验证。

对于常见投影，如圆锥投影、圆柱投影，关键是确定标准纬线的纬度。具体做法是由纬线间隔初步发现标准纬线的位置，量算纬线间隔发生相反变化附近的各纬线长度比，绘出纬线上变形变化曲线，图解求定。对方位投影，关键是确定投影中心。具体做法是量算中央经线上各点的经线长度比，其变化对称于投影中心，绘出变形变化曲线，再求定投影中心的位置。

4.6.3 一些常用投影的识别

下面通过地图经纬网或图框形式来帮助判别常见地图的投影。

4.6.3.1 世界地图投影的识别

这里主要指墨卡托、摩尔威特、等差分纬线多圆锥等投影，如表 4-2 所示。

表 4-2   常见世界地图投影特点

投影名称	图框或网格形式	纬线形状	在中央经线由赤道向两极纬线间距的变化
墨卡托	矩形	直线	增加很多
摩尔威特	椭圆	直线	缩小
等差分纬线多圆锥	南北图框为直线，东西图框为曲线	圆弧	扩大

在根据网格的特点和表内的资料来判别地图的投影时，在中央经线上，将赤道附近的纬线间距和高纬度的纬线间距进行比较，可以确定具体投影。

4.6.3.2 半球地图投影的识别

东西半球图多用横轴方位投影，南北半球图多用正轴方位投影（表 4-3）。

表 4-3   常见半球图投影特点

投影名称	纬线形状	在中央经线和赤道上由中心向外经纬线间距的变化
等角横轴方位	圆弧、赤道为直线	扩大，由 1 渐增至 2
等积横轴方位	曲线、赤道为直线	缩小，由 1 渐减至 0.7
等距正轴方位	同心圆	纬线间距相等

根据该表判别投影时，需要比较在半球的中心和边缘部分的经纬线间距，如果边缘部分的间距比中心部分的间距小，它的数值约相当于中心部分的0.7，那么该投影是等积横轴方位投影。如果相反，边缘地区的间距约相当于中心地区的两倍，则为等角横轴方位投影。如果边缘部分和中心地区的间距相等，就是等距方位投影。

4.6.3.3 区域地图投影的识别

区域地图多采用斜轴方位投影或正轴圆锥投影，其投影特点如表4-4所示。

表4-4 常见区域地图投影特点

投影名称	纬线形状	经线形状	在中央经线上由地图中心向南北间距的变化	自中央经线向东西方向两相邻纬线间距的变化
等积斜轴方位	曲线，由中央经线向东西越远，弯曲越大	除中央经线为直线外，其余均为曲线	缩小	扩大
等距斜轴方位	曲线，由中央经线向东西越远，弯曲越大	除中央经线为直线外，其余均为曲线	相等	扩大
等积圆锥	同心圆弧	直线	缩小	不变
等角圆锥	同心圆弧	直线	扩大	不变

一般区域地图所包括的地区范围比世界地图和半球地图要小，因此变形相对较小。在识别投影时，除了根据经纬线形状确定投影系统外，一般还需要用圆规在中央经线上从地图中心部分向南北量取纬线间距，以便判定投影的变形性质。例如，等积圆锥和等角圆锥投影，纬线都是同心圆弧，经线都是直线，为了确定其变形性质，需要在中央经线上从地图中心，向南北量取纬线间距，如果逐渐扩大就是等角圆锥，相反则是等积圆锥。

4.7 我国编制地图常用的地图投影

4.7.1 我国基本比例尺地形图投影

4.7.1.1 八种基本比例尺地形图

我国把1:5000、1:1万、1:2.5万、1:5万、1:10万、1:25万（原1:20万）、1:50万、1:100万八种比例尺的地形图定为国家基本比例尺地形图。

地形图的内容包括：水文、地形、土质、植被、居民地、交通线和境界线。

地形图内容详细，几何精度高，比例尺较大，特别是大于1:10万的地形图，是实测图，详细而精确地反映了区域内地理事物的形状、分布质量及数量特征。地形图采用统一的符号系统，统一的数学基础和分幅编号方法。

4.7.1.2 地形图分类及用途

我国的基本比例尺地形图习惯上根据比例尺又分为大、中、小三类，随着比例尺的不同，其内容与精度也有区别，从而它的用途也有所不同。地形图的主要用途有：用于研究区域概况；提供各种资料和数据；作为填绘地理考察内容的工作底图；野外工作的工具；编制专题地图的底图。

A 大比例尺地形图

大比例尺地形图指 1∶5000 ~ 1∶10 万（包括 1∶5000、1∶1 万、1∶2.5 万、1∶5 万、1∶10 万）地形图。在大比例尺地形图上，可以直接量取各种精确的数据，并能在图上进行规划设计，可作为专业调查和填图的工作底图和编制专题地图的底图。在军事上，大比例尺地形图是指挥人员组织战斗或战役中不可缺少的工具，也是炮兵战斗是确定射击点的主要工具。

B 中比例尺地形图

中比例尺地形图指 1∶25 万和 1∶50 万地形图。其精度低于大比例尺地形图，一般作为总体规划用图，也可作为编制小比例尺专题地图的底图，军事上可作为高级司令部组织战役、战略计划时用图。

C 小比例尺地形图

小比例尺地形图的比例尺小于 1∶100 万，其精度低于大、中比例尺，特点是制图综合程度较大。小比例尺地形图概括地表示了区域的地理特征，通常称为"一览图"，并作为国家、省总体规划和全国性的各种专题图的底图。军事上，常用作战略规划和编绘军事态势用图。

4.7.1.3 地形图的数学基础

地形图内容详尽，精度要求很高。为了保证地形图具有良好的精度，对地形图的数学基础，特别是地图投影的要求很高：方向正确，没有角度变形，以保证图上景物形状与实地相似；地物之间的距离和关系位置正确，以便于量测。那么，选用什么样的投影才能满足这些要求呢？

A 投影

我国大、中比例尺的地形图采用等角横切椭圆柱投影，即高斯－克吕格投影。小比例尺地形图（1∶100 万）采用等角圆锥投影。

高斯－克吕格投影的原理是：假设用一空心椭圆柱横套在地球椭球体上，使椭圆柱轴通过地心，椭圆柱面与椭球体面某一经线相切；然后，用解析法使地球椭球体面上经纬网保持角度相等的关系，并投影到椭圆柱面上，最后将椭圆柱面切开展平，就得到投影后的图形（图 4 - 27）。

由于这个投影是德国数学家、物理学家及天文学家高斯于 19 世纪 20 年代（1825 年）拟定，后经德国大地测量学家克吕格于 1912 年对投影公式加以补充，故称高斯－克吕格投影。

由该投影后的经纬网图形可看出以下三条规律：

（1）中央经线和赤道为垂直相交的直线，作为直角坐标系的坐标轴，也是经纬网图形的对称轴。

（2）经线为凹向对称于中央经线的曲线，纬线为凸向对称于赤道的曲线，且与经线曲线正交，没有角度变形。

（3）中央经线上没有长度变形，其余经线的长度略大于球面实际长度，离中央东西两侧愈远,椭圆柱面与椭球面愈不接触,其变形愈大(纬线为0°,经差为±3°,长度变形为1.38%),如表4-5所示。

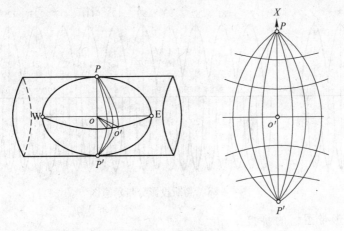

图4-27 高斯投影

表4-5 高斯-克吕格投影6°带内长度变形表

纬 度	长 度 变 形			
	经 差			
	0°	1°	2°	3°
90°	0.00000	0.00000	0.00000	0.00000
80°	0.00000	0.00000	0.00002	0.00004
70°	0.00000	0.00002	0.00007	0.00016
60°	0.00000	0.00004	0.00015	0.00034
50°	0.00000	0.00006	0.00025	0.00057
40°	0.00000	0.00009	0.00036	0.00081
30°	0.00000	0.00012	0.00046	0.00103
20°	0.00000	0.00013	0.00054	0.00121
10°	0.00000	0.00014	0.00059	0.00134
0°	0.00000	0.00015	0.00061	0.00138

B 分带

为了控制变形,采用分带投影的办法,规定1:2.5万~1:50万地形图采用经差6°分带,1:1万及更大的比例尺地形图采用3°分带,以保证必要的精度。

6°分带法:从格林尼治0°经线(本初子午线),自西向东按经差每6°为一投影带,全球共分60个投影带,依次编号为1~60,我国位于东经72°~136°之间,共包括11个投影带,即13~23带。

3°分带法:从东经算起,自西向东按经差3°为一个投影带,全球共分120个投影带,我国位于24~45带,如图4-28所示。

每带带号与其中央经线的经度有如下关系:

6°带   中央经度 $\lambda_{中} = 6° \times n - 3°$ (4-23)

3°带   中央经度 $\lambda_{中} = 3° \times n$ (4-24)

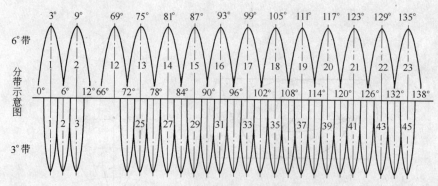

图4-28 高斯投影分带示意图

C 相邻投影带图幅的拼接

由于高斯-克吕格投影的经线是向投影带的中央经线收敛的,它和坐标纵线有一定的夹角,称为子午线收敛角。所以当相邻两带的图幅拼接时,方里网就形成了折角。这就给拼接使用地图带来很大的困难,因为规定在一定的范围内要把邻带的坐标延伸到本带的图幅上,这就使某些图幅上有两个方里网系统,一个是本带的,一个是邻带的,为了区别,图廓内绘本带方里网,图廓外绘邻带方里网的小段,需要使用时才连绘出来,这样相邻图幅就具有统一的直角坐标系统。

绘有邻带方里网的区域范围是沿经线呈带状分布的,所以称为重叠带。重叠带的实质就是将投影带的范围扩大,即西带向东带延伸30′,东带向西带延伸15′。

4.7.2 我国其他地图常用投影

（1）中国分省（区）地图常用投影:正轴等角割圆锥投影（必要时可用等面积和等距离性质）;宽带高斯-克吕格投影（经差可达9°）;南海海域单独成图时,可使用正轴圆柱投影。

（2）中国地图常用投影。

1）中国分幅地（形）图的投影:多面体投影（北洋军阀时期）;等角割圆锥投影（兰勃托投影）（中华人民共和国成立以前）;高斯-克吕格投影（现在）。

2）中国全图:斜轴等面积方位投影,投影中心为$\varphi_0 = 27°30′$,$\lambda_0 = +105°$或$\varphi_0 = 30°00′$,$\lambda_0 = +105°$或$\varphi_0 = 35°00′$,$\lambda_0 = +105°$;斜轴等角方位投影;彭纳投影;伪方位投影。

3）中国全图（南海诸岛作插图）:正轴等面积割圆锥投影,$\varphi_1 = 25°00′$,$\varphi_2 = +47°00′$;正轴等角割圆锥投影。

（3）各大洲地图常用投影。

1）亚洲地图的投影:斜轴等面积方位投影、彭纳投影。

2）欧洲地图的投影:斜轴等面积方位投影、正轴等角圆锥投影。

3）北美洲地图的投影:斜轴等面积方位投影、彭纳投影。

4）南美洲地图的投影:斜轴等面积方位投影、桑逊投影。

5）澳洲地图的投影：斜轴等面积方位投影、正轴等角圆锥投影。

6）拉丁美洲地图的投影：斜轴等面积方位投影。

（4）世界地图的投影：等差分纬线多圆锥投影；正切差分纬线多圆锥投影；任意伪圆柱投影；正轴等角割圆柱投影。

（5）半球地图的投影：横轴等面积方位投影、横轴等角方位投影（东西半球图）；正轴等距离方位投影、正轴等角方位投影、正轴等面积方位投影（南北半球地图）；

（6）南极、北极地图常用投影：正轴等角方位投影。

重要内容提示

1. 方位投影的概念、变形分布规律、适合制图的区位和形状；
2. 圆柱投影的概念、变形分布规律、适合制图的区位和形状；
3. 圆锥投影的概念、变形分布规律、适合制图的区位和形状；
4. 正、横、斜轴方位投影的特点和应用；
5. 墨卡托投影的特点和应用；
6. 正轴圆锥投影的特点和应用；
7. 投影的选择和判别。

思 考 题

4-1 简述正轴等积、等角、等距圆锥投影的经纬网格、变形规律及用途。

4-2 为什么说圆锥投影适于作东西方向延伸地区的地图？

4-3 新中国成立后编制的世界政区图采用哪两种投影？

4-4 中国政区图采用哪两种投影？

4-5 试述地球仪上经纬网的特点。

4-6 地图投影的概念和实质是什么？

4-7 编制中国教学地图为什么多采用等距圆锥投影？

4-8 何为变形椭圆，有何作用？

4-9 地图投影变形表现在哪几个方面，为什么说长度变形是主要变形？

4-10 什么是长度比与长度变形、面积比与面积变形、角度变形、主方向？

4-11 地图投影是怎样分类的（按变形性质及构成可分为哪几种），各有何特性？

4-12 何谓等角投影、等积投影、等距投影、方位投影、圆柱投影、圆锥投影？

4-13 方位投影有什么特点？

4-14 极地图、南北半球图用什么投影？

4-15 如何区别正轴方位投影和正轴圆锥投影？

4-16 非洲地图常用哪两个投影？

4-17 为什么伪圆柱投影没有等角投影？

4-18 亚洲政区图常用哪两种投影？

4-19 比较几种（等积、等角、等距）正轴方位投影的经纬网格和变形规律，它们各适用作什么地图？

4–20 简述墨卡托投影的经纬网格、变形规律、特性和用途（根据墨卡托投影的经纬线形状，分析这个投影的特性和用途）。

4–21 用等差分纬线多圆锥投影编制世界地图有哪些优点？

4–22 地球仪上的地图、我国大中比例尺地形图、小比例尺地形图分别用什么投影？

4–23 简述高斯–克吕格投影的变形性质、变形分布规律及用途。

4–24 简述识别常见投影的一般方法和步骤。

5 地图概括

5.1 地图概括概述

概括，就是采取简单扼要的手段，把空间信息中主要的、本质的数据提取后联系在一起，形成新的概念。地图在不同用途和比例尺变换的过程中势必删繁就简、舍末逐本，以求客观地反映地理实体，达到地图内容的详细性与清晰性的对立统一，几何精确性与地理适应性的对立统一。

地图概括的任务，就是要研究从原始图稿或数据到编制成各种新地图时所采用的概括原则和方法，以实现原始图稿到新编地图内容的转换。

分类和选取是进行地图概括时的主要手段。

5.2 制约地图概括的因素

对地图概括产生影响的因素主要有：地图的用途和主题、地图比例尺、地图区域特征、数据质量和图解限制。

5.2.1 地图的用途和主题

编制地图的目的与任务不同，需要在图面上反映空间数据的广度和深度也不同，因此地图的用途是地图概括的主导因素，也影响地图的表示方法。

另外，读者对象的年龄、知识结构、使用地图方法等因素直接决定地图内容和表示方法的选择，同时对概括的方向和程度有决定性影响。例如，同比例尺的教学图、参考图内容选取多少、内容表示的详略等（图 5 - 1 和图 5 - 2）。

地图的主题决定某要素在图上的重要程度，因而也影响地图概括。同一种地理要素的选取也受地图主题的影响。例如，同一地区同比例尺的水资源图和交通图上的水系、道路、居民点的表示程度不同；地势图、行政图、经济图上同一要素——居民点的表示程度不同（图 5 - 3）。

5.2.2 地图比例尺

地图比例尺对地图内容的影响非常大（图 5 - 4）。

地图比例尺影响该概括程度，是决定地图概括数量特征的主要因素。比例尺限定了制图区域的幅面，限制了图上能表示要素的总量，因而也决定了要素数量指标的选取。

地图比例尺的变更，也制约着图上地物的质量特征。随着比例尺缩小，地图上会以概括的分类分级代替详细的分类分级。

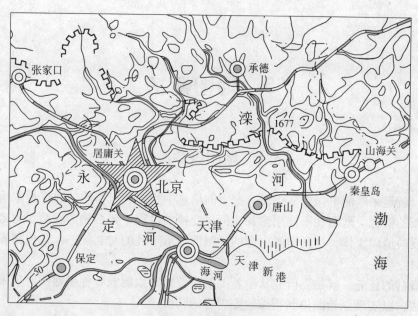

图 5-1   教学挂图

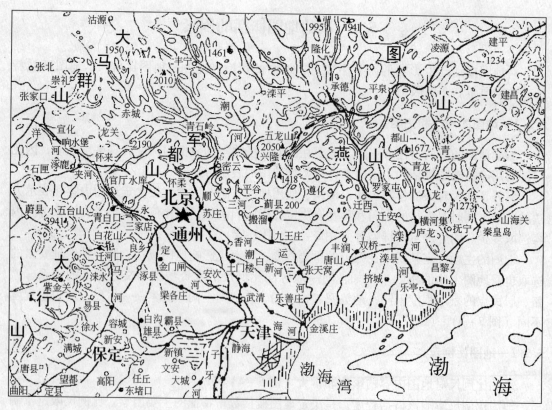

图 5-2   参考图

地图比例尺会影响概括方向。大比例尺地图重点是图形内部结构的研究和概括；小比例尺地图重点在物体外部形态的概括和其他物体的联系。

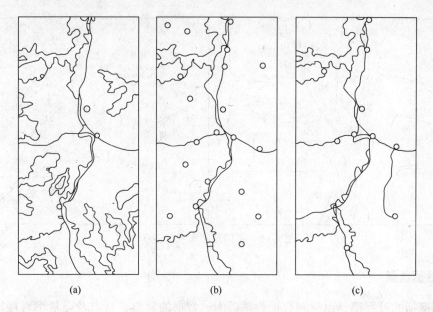

图5-3 居民点的概括

（a）地势图；（b）行政图；（c）经济图

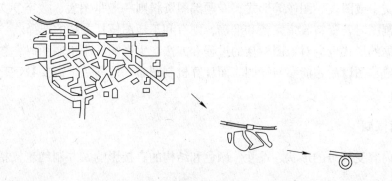

图5-4 比例尺缩小中的地图概括

地图比例尺影响制图对象表示方法。随着比例尺的缩小，依比例表示的地物减少，由点线数据表示的物体占主要地位。

5.2.3 制图区域的地理特征

不同区域具有景物各异的地理特征（图5-5）。同样的地物在不同区域意义会不同，制图对象的重要程度，有时还决定使用的概括原则。

例如，我国江南水网地区，由于河网过密，势必影响其他要素的显示，因此在制图规范中对这些地区需要限定河网密度，一般不表示水井、涵洞；在我国的西北干旱区，河流、井、泉附近成为人们生活和生产的主要基地，制图规范对这些地区规定必须表示全部河流、季节河和泉水出露的地点。另外，不同地貌形态的等高线形状，地图概括时会使用不同的手法/原则。

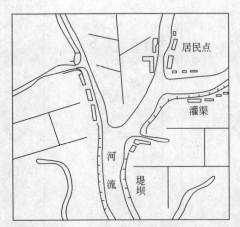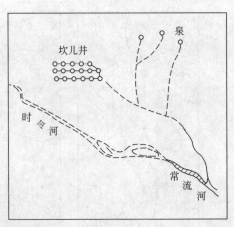

图 5 – 5　不同地区水系的表达

5.2.4　数据质量

地图概括的过程都是以空间数据为基础的，数据的种类、特点及质量都直接影响地图概括的质量。数据可以是图表、影像、统计数据、文字资料等。如天文、大地、GPS 测量资料通常是数字形式，遥感图像和地图是图件形式，现势资料是对现有图件的变更、更改，可能是文字或图表、图像等形式，专题编图资料则一般是图表、数字、文字、统计数据等形式。制图时若资料收集完备和准确，则有利于地图概括方法的选择。

空间数据的形式也会对地图概括的过程和方法产生影响。手工制图时，数字数据必须改变或创作成草图以后才能参与编图。而计算机制图时，地图数据需要数字化以后才能进行屏幕编辑。

5.2.5　图解限制

地图的内容受符号的形状、尺寸、颜色和结构的直接影响，并制约着概括程度和概括方法。

线粗细、点大小不同，地图容量不同。但最小尺寸受到很多因素影响：如绘制和印刷技术；地物意义和地理环境（对比大的背景、地物较少时最小尺寸可以更小）；眼睛观察和分辨符号的能力等（图 5 – 6）。

制图者运用基本要素（符号的形状、尺寸、颜色、结构）的能力影响着地图概括的数量程度和方法。设计合理的符号，可以提高地图容量。

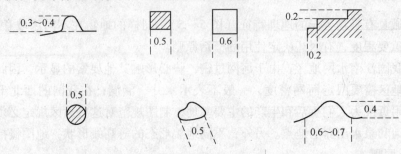

图 5 – 6　图形最小尺寸（单位：mm）

5.3 制图综合的方法

5.3.1 选取

将对制图目的有用的信息保留在地图上，不需要的信息则被舍掉，分为类别选取和级别选取。为确保同类地图所表达的内容基本统一，使地图具有适当的载负量，需要拟订出选取标准。常用的确定选取地图内容的方法有资格法和定额法。

资格法是以一定的数量或质量指标作为选取的标准而进行选取的方法，目的是解决"选哪些"的问题。

数量标志可以是长度、面积、高程或高差、人口数、产量或产值等；质量标志一般为等级、品种、性质、功能等。

资格法的优点是标准明确，简单易行，但是只用一个标志作为衡量选取的条件不能全面衡量出物体的重要程度，而且按同一个资格进行选取无法预计选取后的地图容量，很难控制各地区间的对比关系。所以可以在不同区域确定不同的选取标准或规定一个临界标准，如不同河网密度和不同河系类型地区规定不同的选取标准。对第二个缺点需要用定额法作补充。

定额法是规定出单位面积内应选取的制图物体的数量而进行选取的方法，目的是解决选多少要素的问题。选取定额由地图载负量决定。

定额法可以保证地图在不影响易读性的前提下使地图具有相当丰富的内容，但无法保证在不同地区保留相同的质量资格，所以通常给出一个临界指标来进行弥补。

为使确定的选取资格或定额具有足够的准确性，可以使用数量分析方法，如数理统计法、方根规律方法、图解计算法、等比数列法、信息论法、图论法、模糊数学方法、灰色聚类方法、分形学的方法等。

5.3.2 概括

概括是对制图对象的形状、数量和质量特征进行化简。对制图对象的形状概括通过删除、合并、夸大来实现。

删除是将在比例尺缩小之后无法清晰表示的图形中的某些碎部予以删除，使曲线趋于平滑并能反映制图对象的主体特征。手工作业时的删除是靠直观感觉判断碎部图形的重要性。计算机制图时删除表现为对制图数据的删除和修改，其主观性表现在删除算法的选择和建立计算机文件。

合并是在比例尺缩小后，图形及其间隔大小不能详细区分时，可合并同类物体细部以反映制图物体主要特征（图 5 - 7）。合并与删除相辅相成。

计算机制图时，合并意味着删除标志轮廓间

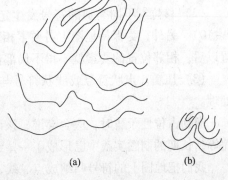

(a)   (b)

图 5 - 7 合并

隔的那部分数据。

　　夸大是对一些因比例尺缩小无法清楚表示的微小特征或碎部进行局部夸大，以突出或保持其地理特征（图5－8）。

　　分割主要存在于不太重要的面状图形的拆分（示意性的分割）。将面积图形适当示意性分割的方式有利于地物特征的表达（图5－9中为林间防火道示意图）。

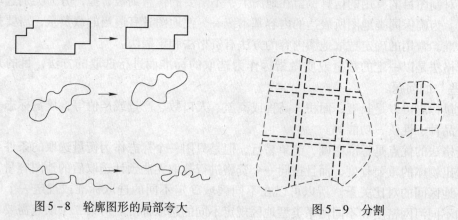

图5－8　轮廓图形的局部夸大　　　　　　　图5－9　分割

　　制图物体数量特征的概括即简化描述制图对象数量特征的方法。制图物体的数量特征指的是物体的长度、面积、高度、深度、坡度、密度等可以用数量表示的标志的特征。制图物体选取和形状概括都可能引起数量标志的变化。例如，舍去小的河流或去掉河流上的弯曲都会引起河流总长度的变化，从而引起河网密度的变化。

　　制图物体质量特征的概括即用合并或删除的方法达到减少分类、分级的目的。质量概括的结果，常常表现为制图物体间质量差别的减小，以概括的分类、分级代替详细的分类、分级，以总体概念代替局部概念。

5.3.3　定位优先级

　　随着地图比例尺的缩小，地图上的符号会发生占位性矛盾，编图时常采用舍弃、移位和压盖的手段处理。

　　（1）舍弃。当同类符号碰到一起时，一般会舍弃其中等级较低的一个。即便是不同类的符号，如果周围有密集的图形，也需要采用舍弃的方式。

　　（2）移位。不同类别的符号发生定位矛盾时，如果不舍弃就要采用移位的方式（图5－10）。另外，为保持地图上各要素相互关系的正确对比，当主要的要素占领了准确的位置以后，相邻位置的要素就不得不局部位移。移位分为双方移位和单方移位。

　　（3）压盖。点状符号或线状符号与面状符号发生定位矛盾时，可以采用压盖的方法处理。

　　遇到占位性矛盾时，应舍弃谁，该谁移位，往哪个方向移，移多少，什么时候可以压盖等，长期的制图实践中已形成了一些约定的规则。

　　我们把地图上的符号归纳成点、线、面。面的表达主要是通过边界线以及它里面的阵列符号或颜色来填充轮廓的范围。所以，从定位的角度只有点和线两类（包括面状符号的

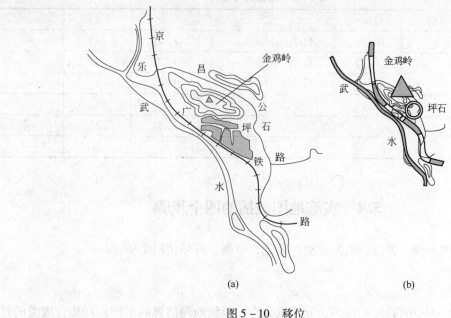

(a)   (b)

图 5-10 移位

边界线和填充范围的离散符号及线网）。

对于点状符号，其位置的固定性由高到低如下：

有坐标位置的点，如地图上的平面控制点、国界上的界碑，位置准确，不许移动。

有固定位置的点，如居民点、独立地物点等，它们以符号的主点定位于地图上。这类点一般不得移动，发生矛盾时可依重要性确定位置。

只有相对位置的点，因依附于其他图形存在，随依附物变化，其点位随之变化。

定位于区域范围的点，多为说明符号，常放在区域空位上。

阵列符号、单个符号没有位置概念，只有排列要求。

对于线状符号，其位置的固定性由高到低如下：

有固定位置的线，以符号中心线定位，发生矛盾时，依其固定程度确定移位次序。地图上大多数的线属于这一类，如铁路、河流、公路等。

表示三维特征的线，如各类等值线。从定位角度来看，它们常被作为地理背景存在，地图上其他要素的图形需要同它们协调，所以处于较重要的位置。

有相对位置的线，这些线依附于其他制图对象存在，如依附于道路、通信线、河流、水涯线的地类界等，编图时需要保持原有的协调关系。

面状符号边界线，这一类主要指那些面积不大的面状物体的边界，反映了一定的地理环境特征。

组成某种网线图形的线，如面里的填充图案。这类线没有位置概念，严格讲它们不是线状符号，仅是使用线状符号以某种规则排列构成需要的图案。

为便于在计算机中处理符号占位矛盾，保留符号间的拓扑关系，可按各符号的重要程度进行编码，组成符号矩阵，并在相应的交点上标记其处理方式（表5-1）。

表 5－1 地图符号矩阵

编　号	A	B	C	...	I	J	...
A	1	1, 2_2	1, 2_2	...	1, 2_2	3	...
B		1, 2_1	1, 2_2	...	1, 2_2	3	...
C			1, 2_1	...	1, 2_2	3	...
⋮				⋮	⋮	⋮	⋮
I					1, 2_1	3	...
J						2_1	...

5.4　实施地图概括的四个步骤

地图概括的步骤，可以归纳为分类、简化、夸张、符号化四个步骤。

5.4.1　分类

分类可定义为空间数据的排序、分级或分群。根据地理信息的不同，在集合成类的过程中，既有归并，也有拆分。一般地说地图内容的分类是依照地物的属性划分的，这种划分由需要及图解限度而定。

对于普通地图，制图部门独立地制定图例、图式，使普通地图要素按不同的比例尺纳入规范要求；对于专题地图，应遵从该专题的学科分类。

分类的另一种方式是分级，即空间信息进行统计时，数据划分为数学定义的级别，如将高程分为平原、丘陵、山地、高原等类型。分级越多，地图概括的程度越小。

5.4.2　简化

简化可定义为显示空间数据的重要特征，删弃不重要的细部。依比例尺和目的的不同，它包括地理信息的取舍和图形简化两个方面。

制图规范提出了一个因比例尺变化而设定的取舍标准——比例尺概括，如规定在某种比例尺地图上公路宽度 10m 以下的应舍掉。随着比例尺变化，形状也要化简，如公路形状的化简。

地图的简化还和制图目的有关。选取符合制图目的某些内容，舍去与目的无关的某些内容或某项中的部分内容；选取反映地图区域特征的某些内容，舍去不反映区域特征的某些内容，或某项中过多的内容，有利于地图使用和区域特征的显示，这种选取属于目的概括。

当比例尺缩小以后，不是保存零碎的地物而是强调它的地理适应性，所以简化过程也对图形的内部结构进行化简，不化简就会影响地图的易读性。

（1）删除的最小尺寸。编图时决定空间数据取与舍的数量标准，是地物在图上的最小尺寸。删除的最小尺寸是按照成图比例尺的缩小原图进行量度的。有时空间数据是否删除是有条件的，在删除过程中最小尺寸界限要灵活处理。

（2）删除的指标定额。定额指标是按成图上单位面积的选取个数确定的，产生于地图规范或开方根规律的计算。

（3）删除的资格排队。所谓资格排队就是按空间数据的等级高低进行选取。如居民点选取时，按重要性进行排队，等级高的优先选取。

（4）形状的简化。图形形状简化要保持形状相似性。基本要求是：保持轮廓图形和弯曲形状的基本特征；保持弯曲转折点的相对精确度；保持不同地段弯曲程度的对比。常用的方法为最小尺寸法和开方根规律。

（5）内部结构的简化。空间数据构成了平面图形，在简化过程中应保持一定的格局。例如在城市平面图形中，要考虑城市的功能分区、城市街区的方向、街道的密度对比、对外的交通联系等进行平面图形的概括。

5.4.3 夸张

夸张可定义为提高或强调符号的重要特征。夸张并不是没有章法的夸大，没有夸张就不成为地图符号。

夸张与编图的目的和用途密切相关，并充分体现在地图设计过程中。例如，一些有许多微小弯曲的河流，如果按比例尺机械地化简，这些弯曲将被全部删除，多弯曲河流将变成笔直的河段，反而歪曲了河流的特征，因此，必须对一些弯曲进行局部夸大。其他地理要素概括时也会出现类似的情况。

地图从设计图例开始便采用了夸张的方法，如大多数地形图上道路的宽度都进行了夸张。在地图设计中，图形的夸张还应符合审美和寓意的需要。

5.4.4 符号化

符号化就是将空间数据通过分类、简化、夸张等方法所获得的记号，根据其基本特征、相对重要性和相关位置制定成各种图形。

制作符号就是使空间数据成为可见的图形，因此，符号化的过程也就是视觉化的过程。

5.5 地图概括的数量分析方法和发展

随着科学技术的进步，地图概括的数量分析应用了现代数学的方法，从而进一步揭示了地图概括的规律，提供了分类的数量指标，指导了制图作业。

数量分析的结果，要求所确定的模式能达到：（1）反映制图空间数据的类型及其区域差异；（2）反映空间数据与比例尺逐级变换后的数据密度相适应；（3）反映空间数据的精度。

这里要介绍的是在一般制图中行之有效的几种数量分析方法：图解计算法、等比数列法、区域指标法、回归分析法和开方根规律。

5.5.1 图解计算法

图解计算法是一种以地图符号的面积载负量确定符号选取数量指标的方法。这种方法一般用于确定居民点选取数额。

居民点的面积载负量 s 由两部分组成，即居民点符号的面积 q 和居民点注记的面积 p。一般公式为：

$$s = n(q + p) \qquad\qquad (5-1)$$

式中 n——每平方厘米的居民点个数；

　　　 s——无量纲。

5.5.2　等比数列法

等比数列法是苏联学者鲍罗金提出的用等比数列确定地图要素选取的方法。

地图制图综合的基本任务之一就是确定地物的取舍，并确定选取的尺寸和条件。对全取线和全舍线一般并不难确定，主要是中等大小物体的选择表示。

地图上表示的地物差别要求视力能够分辨，且差别符合地图要素分布的实际情况。根据视觉感受原理，视觉能够分辨出的密度差别的某要素表示在地图上的数量是一个等比数列，所以这种结构选取模型称为等比数列法（用等比数列确定地图要素选取的方法）。

等比数列法的基本规则：物体的大小用等比数列 A_i 表示，物体的分布密度用等比数列 B_i 表示，选取物体所需的间隔用数列 C_{lk} 表示。由这三个数列组成的选取模型为等比数列表，如表 5-2 所示。表中的对角线为全取线，超过此线就全部选取；对角线以下的为选取表示部分；C_{lk} 数列最左边的一列和最下边的一行为全舍线，在此线外的就全部舍去。

表 5-2　等比数列法

大小分级 ＼ 密度分级 选取间隔	$B_1 \sim B_2$	$B_2 \sim B_3$	...	$B_{n-2} \sim B_{n-1}$	$B_{n-1} \sim B_n$
$> A_n$	C_{11}				
$A_{n-1} \sim A_n$	C_{21}	C_{22}			
$\vdots$	$\vdots$	$\vdots$	$\vdots$		
$A_2 \sim A_3$	$C_{n-1,1}$	$C_{n-1,2}$	...	$C_{n-1,n-1}$	
$A_1 \sim A_2$	C_{n1}	C_{n2}	...	$C_{n,n-1}$	C_{nn}

5.5.3　区域指标法

小比例尺地图概括的过程，一般包含两方面的工作：

（1）搜集与编辑空间数据，主要是原始地图的镶嵌和按成图比例尺缩小。

（2）搜集制图区域内的地理资料进行研究，配合大比例尺遥感图像的判读和量测，确定应该描绘的要素是什么类型、什么特征和数量指标，将其编制成图表和说明，就成为区域指标图。在指标图的规定下，对原图进行简化和夸张作业。

5.5.4　回归分析法

回归分析是研究预报变量的变动对响应变量的变动的影响程度，其目的是根据已知预报变量的变化来估计或预测响应变量的变化情况。

回归分析是地图要素分布规律的数学模型、地图制图综合定额选取数学模型、地图制图要素空间分布趋势数学模型和地图制图要素动态分析和预测数学模型等的数学基础。

地图概括可以采用相关分析与回归分析方法建立地理数量的选取指标。下面以一元回归模型为例进行介绍。

一元回归模型用于处理两个变量 x 与 y 之间的相关关系，分为一元线性回归模型和一元非线性回归模型。

一元线性回归模型主要是处理两个制图变量 x 与 y 之间的线性关系。通过观测或实验可得到两个变量 x 与 y 的若干数据 x_i 与 y_i（$i = 1，2，\cdots，n$），将它们绘到坐标纸上，可以看出其分布近似一条直线。设该直线方程为

$$\hat{y} = a + bx \tag{5-2}$$

求出 a，b 后，便可写出 x 与 y 的关系式。

实际的地图制图数据处理中，变量之间的关系常常是非线性的，如地图上居民地选取指标与居民地密度之间就是幂函数关系（式 5-3）。一元非线性回归方程的求法一般是先通过数学变换，使非线性关系线性化，再利用线性回归的方法解非线性回归方程。

$$y = ax^b \tag{5-3}$$

5.5.5 开方根规律

德国特普费尔提出了一种地图概括的方案，用于解决原始地图与新编地图由于比例尺的变换而产生的地物数量递减问题。他认为，原始地图与新编地图两种比例尺分母之比的开方根，便是新编地图所应选取的地物数量，即：

$$N_B = N_A(M_A/M_B)^{1/2} \tag{5-4}$$

式中　N_B——新编地图地物数；

　　　N_A——原始地图地物数；

　　　M_B——新编地图比例尺分母；

　　　M_A——原始地图比例尺分母。

选取的地物的多少，除了与比例尺有关外，还要受到多种因素的影响，如地物的重要程度、各种用途地图符号尺寸不同等。因此，特普费尔又在基本公式上增加了符号尺寸改正系数 C 和地物重要性改正系数 D，将公式扩展为

$$N_B = N_A CD[M_A/M_B]^{1/2} \tag{5-5}$$

符号尺寸改正系数 C 可能出现三种情况：

（1）符号尺寸符合开方根规律，即符号尺寸随比例尺缩小，则 $C = 1$。

（2）符号尺寸不符合开方根规律，但新编地图与原始地图的符号尺寸相同。

对线状符号有

$$C = \sqrt{\frac{M_A}{M_B}} \tag{5-6}$$

对面状符号有

$$C = \sqrt{\left(\frac{M_A}{M_B}\right)^2} \tag{5-7}$$

（3）符号尺寸不符合开方根规律，尺寸也不相同。

若原始地图线状符号尺寸宽为 S_A，新编地图设计线状符号尺寸宽为 S_B，则有

$$C = \frac{S_A}{S_B} \sqrt{\frac{M_A}{M_B}} \qquad (5-8)$$

若原始地图的面状符号尺寸面积为 F_A，新编地图设计面状符号尺寸面积为 F_B，则有

$$C = \frac{F_A}{F_B} \sqrt{\left(\frac{M_A}{M_B}\right)^2} \qquad (5-9)$$

对于地物重要性改正系数 D，也可能出现三种情况：

（1）制图物体很重要，则

$$D = \sqrt{\frac{M_B}{M_A}} \qquad (5-10)$$

（2）制图物体为一般物体，则 $D = 1$。

（3）制图物体为次要物体，则

$$D = \sqrt{\frac{M_A}{M_B}} \qquad (5-11)$$

在同时考虑符号尺寸系数和物体重要性系数的情况下，可得出表 5-3 所列公式。

表 5-3　开方根规律公式

C ＼ D		$D = \sqrt{\dfrac{M_B}{M_A}}$	$D = 1$	$D = \sqrt{\dfrac{M_A}{M_B}}$
符号尺寸符合开方根规律	$C = 1$	$N_B = N_A$	$N_B = N_A \sqrt{\dfrac{M_A}{M_B}}$	$N_B = N_A \sqrt{\left(\dfrac{M_A}{M_B}\right)^2}$
符号尺寸不符合开方根规律，尺寸相同　线状	$C = \sqrt{\dfrac{M_A}{M_B}}$	$N_B = N_A \sqrt{\dfrac{M_A}{M_B}}$	$N_B = N_A \sqrt{\left(\dfrac{M_A}{M_B}\right)^2}$	$N_B = N_A \sqrt{\left(\dfrac{M_A}{M_B}\right)^3}$
面状	$C = \sqrt{\left(\dfrac{M_A}{M_B}\right)^2}$	$N_B = N_A \sqrt{\left(\dfrac{M_A}{M_B}\right)^2}$	$N_B = N_A \sqrt{\left(\dfrac{M_A}{M_B}\right)^3}$	$N_B = N_A \sqrt{\left(\dfrac{M_A}{M_B}\right)^4}$
符号尺寸不符合开方根规律，尺寸不同　线状	$C = \dfrac{S_A}{S_B} \sqrt{\dfrac{M_A}{M_B}}$	$N_B = N_A \dfrac{S_A}{S_B} \sqrt{\dfrac{M_A}{M_B}}$	$N_B = N_A \dfrac{S_A}{S_B} \sqrt{\left(\dfrac{M_A}{M_B}\right)^2}$	$N_B = N_A \dfrac{S_A}{S_B} \sqrt{\left(\dfrac{M_A}{M_B}\right)^3}$
面状	$C = \dfrac{F_A}{F_B} \sqrt{\left(\dfrac{M_A}{M_B}\right)^2}$	$N_B = N_A \dfrac{F_A}{F_B} \sqrt{\left(\dfrac{M_A}{M_B}\right)^2}$	$N_B = N_A \dfrac{F_A}{F_B} \sqrt{\left(\dfrac{M_A}{M_B}\right)^3}$	$N_B = N_A \dfrac{F_A}{F_B} \sqrt{\left(\dfrac{M_A}{M_B}\right)^4}$

5.6　地图概括的现代发展

计算机制图使现在的地图编制摆脱了手工劳动，它对地图概括提出的要求是：总结概括的规律，研究地图概括过程的计量化和模型化，充分利用地图数据库和地理信息系统，以解决概括的各种问题。

较早的机助制图作业，是对空间数据的点和面的处理，利用点的删除构成新的图形。1973 年 Douglas-Peucker 简化线状数据点的连接，被认为是一种很好的概括方法。这种方法是从整体出发考察一条线段。首先选取线的两端点 AB，然后计算线段内其余各点到两

端点连线的垂直距离，如果这些点到直线距离大于阈值就被保留，如小于则删去。再从 C 点到 B 点考察有无新的大于阈值的点，设 D 点大于阈值，可保留，则新的线段由 $ACDB$ 连接组成（图5–11）。

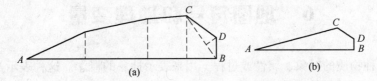

图5–11 Douglas–Peucker算法

国外市场上已出售自动、半自动地图概括系统，一些地理信息系统可提供有限概括功能，能实施对线状符号的简化及面状符号的分割或合并。可以预言，未来应用计算机处理的地图概括的算法和软件将成为地图编制中的主要工具。

重要内容提示

1. 地图概括的概念和意义；
2. 影响地图概括的因素；
3. 实施地图概括的步骤；
4. 地图概括的基本方法。

思 考 题

5–1 简述地图概括的概念和意义。
5–2 简述影响地图概括的因素。
5–3 简述实施地图概括的步骤。
5–4 简述地图概括的基本方法。
5–5 图形形状简化的基本要求有哪些？

6　地图符号和地理变量

符号是一种物质的对象、属性或过程，用来表示抽象的概念。这种表示是以约定的关系为基础的。地图符号是符号应用于地图的一个子类，它以视觉的形象指代抽象的概念，具有视觉特征及空间特征，以易于被人们理解并便于记忆的形式把客观对象表现在地图上，成为一种十分有效的信息载体。

地图符号是表达地图内容的基本手段，是构成地图的基本元素。地图的性质从根本上说是由符号的性质特点决定的，所以，了解符号的实质及其功能特点，正确地设计和运用地图符号是地图学的根本问题之一。

地图符号由形状不同、大小不一、色彩有别的图形和文字组成。地图符号是地图的语言，是一种图形语言。它与文字相比，最大的特点是形象直观，一目了然。

就单个符号而言，它可以表示客观事物的类别、空间分布位置以及数量多少；就同类事物而言，它可以反映该类事物的分布特点；各类符号的总和，则可以表示各类事物之间的相互关系及区域总体特征。

地图符号不仅具有确定客观事物的空间位置、分布特点以及数量、质量特征的基本功能，还具有相互联系和共同表达地理环境诸要素总体特征的特殊功能。

6.1　地图符号基本常识

6.1.1　地图符号的形式

地图符号主要包括视觉图像的三种类型：

（1）图形符号：以形状、结构等特征指代一定的对象（如点、线、面）。

（2）色彩符号：用色彩指代一定的概念，一般以其天然色或象征性表现对象，如用蓝色代表水系，绿色代表森林等。

（3）文字符号：既有语言本来的性质含义，又有空间定位特征。

地图上的文字包括数字、字母与文字。使用最多的是各种名称注记，如河流、湖泊、海洋、山脉、平原、高原、盆地、沙漠、城镇、村庄等地理名称；地图上常用数字标识各种数值，如高程、等值线数值、河流流速、河宽、桥梁宽度与载负量等；还有各种专题地图的图例代号（阿拉伯数字、拉丁文或英文字母、罗马字母）和文字符号（如以化学元素表示矿产）；以及图廓内外的说明文字，包括图例、图名、比例尺。

6.1.2　地图符号的构成特点

地图内容是通过符号来表达的，因此符号具有如下特点：

（1）符号应与实际事物的具体特征有联系，以便于根据符号联想实际事物。

（2）符号之间应有明显的差异，以便相互区别。

（3）同类事物的符号应该类似，以便分析各类事物总的分布情况，以及研究各类事物之间的相互联系。

（4）简单、美观、便于记忆、使用方便。

6.1.3 地图符号的功能

地图是空间信息的符号模型，符号具有地图语言的功能，主要表现在以下四个方面：

（1）地图符号是空间信息传递的手段。

（2）地图符号构成的符号模型，不受比例尺缩小的限制，仍能反映区域的基本面貌。

（3）地图符号提供地图极大的表现能力。

（4）地图符号能再现客体的空间模型，或者给难以表达的现象建立构想模型。

6.1.4 地图符号的分类

地理变量按性质分为空间数据和属性数据，从空间分布特点上可以分为点位数据、线性数据、面积数据和体积数据。

以单独的位置存在的事物或离散的空间现象用点位数据来描述。它可以是具体的点，如三角点、河流交点；也可以是抽象的点，如表达各种统计量的定位图表；或者由于地图比例尺的缩小，由面状物体抽象来的点，如居民点。

线性数据是存在于空间的有序现象，所表达的事物可能是客观实体，如道路、河流，也可能是不可见的，如磁力线、思想传播路线；可能是有向的，也可能是无向的。我们把它们作为线性数据来研究时，重点讨论的是其长度和形态特征，宽度只作为符号设计时表达分级的辅助标志来看待。

面积数据研究现象的区域范围，是连续的空间现象。地图上所有的面状物体都是用面积数据表示的。

体积是三维的概念，地图上是在面积数据的基础上加上第三维的值来表达体积数据。

按符号所表达现象的空间分布和符号的几何特征，地图符号可分为点状符号、线状符号、面积符号和体积符号。

点状符号所代指的概念可认为是位于空间的点，通常具有定位特征，如控制点、居民点等符号。符号的大小与地图比例尺无关。

线状符号所代指的概念可认为是位于空间的线。线状符号具有方向性（符号沿着某个方向延伸），如河流、渠道、岸线、道路、航线等符号。线状符号的长度与地图比例尺有关。

而有一些等值线符号（如等人口密度线、等高线）是一种特殊的线状符号，尽管几何特征是线状的，但它表达的却是连续分布的面。

面积符号所代表的概念可认为是位于空间的面。面积符号可以表示水部范围、林地范围、土地利用分类范围、各种区划范围、动植物和矿藏资源分布范围等。符号所处的范围同地图比例尺有关。

体积符号是表达空间上具有三维特征的现象的符号，具有定位特征，与比例尺相关。

符号的点、线、面特征与制图对象的分布状态没有必然的联系，因为对象用什么符号表示取决于地图的比例尺和组织图面要素的技术方案。

地图符号从视觉上可分为形象符号和抽象符号。形象符号指对应于空间事物形态特征的符号，它的象征性和约定性很好（图6-1）；抽象符号指用几何形状和色彩表示的符号系列，这些符号能体现量的变化，但约定性很差，如一个三角形既可以代表控制点，也可以代表金矿、消防队等。

图6-1　形象符号

地图符号根据对地图比例尺的依存关系可分为比例符号、半比例符号、非比例符号。

比例符号主要是面状符号，其形状、大小可按测图比例尺缩小。

半比例符号指线状符号的长度依比例，而宽度无法依比例，一般符号中心线表示实地地物的中心位置，城墙、垣栅等地物中心在其底线上。

非比例符号主要是点状符号，其形状、大小不依比例绘出，但符号的中心位置与实地的中心位置关系依不同的地物而异。

另外，地图符号按表示的地理尺度分可分为定性符号、定量符号和等级符号；按符号的形状特征可分为几何符号、艺术符号、线状符号、面状符号、图表符号、文字符号和色域符号等。

6.2　量表在符号设计中的应用

量表系统是在地理数据的制图表达时，为了描述其数量特征，为了对数据类别作进一步划分而采用的一定的度量方法。根据数据的数量特征，量表系统按四级精度划分为定名量表、顺序量表、间距量表和比率量表。

6.2.1　定名量表

定名量表是最低水平的量表尺度，使用定名量表区分制图对象时，只表达定性关系，不涉及定量关系。

众数是定名量表最佳的数学统计量，它以一个群体中出现频率最高的类别定名（图6-2）。衡量用众数描述定名量表是否准确的检验公式是变率，变率 $V = 1 - ($ 众数的频数 $F/$ 总数 $N)$ 。

品种	A区/亩	B区/亩
小麦	47	21
棉花	125	32
玉米	63	324
薯类	9	73

图6-2　众数

定名量表几乎不需要数学处理，只要找出它的代表属性就可以定名。

6.2.2 顺序量表

顺序量表将数组按顺序排列（按某种标志把制图对象排序），区分出大小、主次、高低、新旧等相对等级。顺序量表不产生数量概念，其结果没有绝对零值。

以某县棉花产量为例（表6-1），顺序量表运算过程如下：

表6-1 棉花产量表

乡　名	产量/kg	乡　名	产量/kg
小车	3548	大车	2174
大里	26	新河	137
辛集	75	宜良	329
王乡	94	义革	98
闫村	545	嘉兴	1976
赵庄	1214	马村	876

首先将数据排序，选择中位数，并以四分位法研究观测结果的排序位置或编号的离差（表6-2）。

表6-2 棉花产量排序

乡　名	产量/kg	乡　名	产量/kg
小车	3548	大车	329
大里	2174	新河	137
辛集	1976	宜良	98
王乡	1214	义革	94
闫村	876	嘉兴	75
赵庄	545	马村	26

然后计算中位数和四分位数。中位数 Q_2 为 $(545 + 329)/2 = 437$ ，较高的四分位 Q_1 为 $(1976 + 1214)/2 = 1595$ ，较低的四分位 Q_3 为 $(98 + 94)/2 = 96$ 。

若分为四级顺序，则四分位正好是排序的分界。

若分为三级顺序，便要研究四分位的值域。四分位的值域位于中位数的两侧，反映了最接近中位数的地理数据特征，即值域为 $Q_1 - Q_3 = 1595 - 96 = 1499$ ，而衡量四分法可能产生的偏差 $V = (Q_1 - Q_3)/2 = 749.5$ ，所以三级顺序的划分为：$>1595\text{kg}$，$1595 \sim 96\text{kg}$，$<96\text{kg}$。

顺序量表也可以按照人为的任意分界进行分级。

顺序量表显示地图符号的量为优、良、中或大、中、小。

6.2.3 间距量表

首先将制图对象按数量大小排列，然后通过其数学统计量进行分级。间距量表可以区分空间数据量的差别，但不能确定系统中某一特定物体的具体的值。间距量表没有固定的绝对零点，而且数据的运算只有加减法而不能用乘除法来处理。间距量表按正态分布参数确定间距。

常用统计量为算术平均值：

$$x = \sum X/n \tag{6-1}$$

变化指数为标准差：

$$\delta = \pm \sqrt{\sum (X - x)^2/n} \tag{6-2}$$

间距量表的间距可以为 δ（或 $\delta/2$、$3\delta/2$），如间距量表：

$$x - 2\delta,\ x - \delta,\ x,\ x + \delta,\ x + 2\delta$$

6.2.4　比率量表

比率量表有计量单位，有起始点，按已知数据的间隔排序，但数据间隔呈比率变化，从绝对零值开始并能对数据进行各种算术运算，可以描述绝对量。它实际是间距量表的精确化。

仍以表 6-2 棉花产量数据为例，假设棉花产量最低值位 L，最高值位 H，比率位 r，按 5 级排序，则有

$$L,\ kLr,\ kLr^2,\ kLr^3,\ kLr^4,\ H$$
$$H = kLr^5,\ k = H/Lr^5$$

令 $L = 26$，$H = 3548$，设 $r = 2$，则有

$$k = 3548/(26 \times 32) = 4.2644$$

则 5 个数据经计算四舍五入即为：26，222，444，887，1774，3726。通常，量表都凑成整数以便于阅读，则该比率量表可排列为：< 220，220 ~ 440，440 ~ 890，890 ~ 1700，> 1700；或排列为：< 250，250 ~ 500，500 ~ 1000，1000 ~ 2000，> 2000。

6.3　构成符号的视觉变量

视觉变量是构成图形的基本要素，它包括形状、尺寸、方向、颜色（色相、亮度、彩度）、网纹（排列、纹理、方向）。

6.3.1　形状变量

形状变量是视觉上能区别开来的图形基本单元。

对点状符号，形状即符号的外形（图 6-3）；线状和面状符号是由连续的点或点的排列组成，形状变量在线状符号中是一个个形状变量的连续（图 6-4），在面状符号中是一排排形状的连续（图 6-5）。所以，线状和面状符号中的形状变量是指那些构成线或面的点的形状，而不是线或面的外部轮廓。

图 6-3　点状符号的形状变量

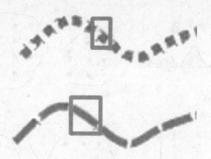

图 6-4 线状符号的形状变量

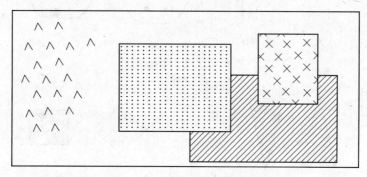

图 6-5 面状符号的形状变量

6.3.2 尺寸变量

尺寸变量是组成不同形状的符号在量度上的变量。衡量尺寸变量要从几何面的直径、长、宽、高和多边形的面积作比较（图 6-6）。对点状符号，指符号整体的大小，即符号的直径、长、宽、高和面积的大小；对线和面符号，指构成它们的点（像元）的大小。

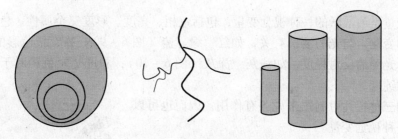

图 6-6 尺寸变量的变化

在下面五组图形中（图 6-7），哪些存在视觉变量的变化呢？

6.3.3 方向变量

方向变量指点状符号或线、面状符号的构成元素的方向。对图幅的坐标系而言，在整幅图中必须和地理坐标的经线或直角坐标线成同一的交角才不致混乱，方向变化即是对图幅的坐标系统而言。方向变量受图形特点的限制较大，适用于长形或线状的符号（图 6-8）。

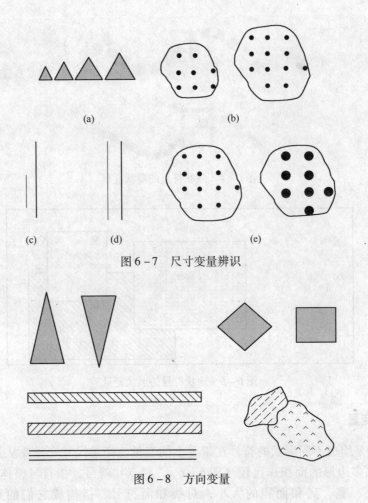

图 6-7   尺寸变量辨识

图 6-8   方向变量

6.3.4   颜色变量

颜色变量是最活跃的一种视觉变量，包括色相、亮度、彩度三个属性。色相是颜色呈现出的质的变化，与光的波长有关，如红、绿、蓝（图 6-9）；亮度指色彩的明暗程度，也指色彩对光照的反射程度，如浅灰、深灰（图 6-10）；彩度是彩色相对于光谱色的纯洁度，也称纯度。

颜色的三种特性对制图来说各有作用，因而也可以各自成为一种视觉变量。

6.3.5   网纹变量

网纹变量是指在一个符号或面积内部对线条或图形记号的重复交替使用。

网纹变量包括点状网纹、线划网纹和混合网纹。

网纹中的方向变量为与图廓或读者二视平面相交的方向线，网纹线宽度和间距一定，方向可以为水平线、对角线、垂直线（图 6-11）。

图 6-9   色相环

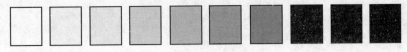

图 6 – 10　亮度

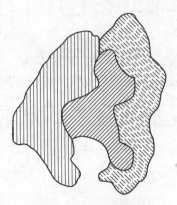

图 6 – 11　网纹中的方向

网纹的纹理变量由间距相等的点（晕点）或平行线段（晕线）（虚实线、波纹）组成（图 6 – 11 中晕线），表达效果和颜色变量的亮度类似。

网纹的排列变量由规则或不规则、抽象或象形的形状组成，常用于定名的面状符号（图 6 – 12）。

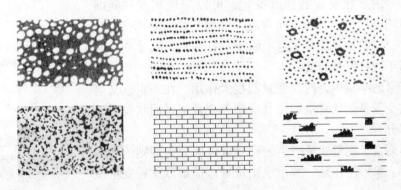

图 6 – 12　网纹的排列变量

6.3.6　视觉变量的扩展

为描述对象的动态特征，电子地图上的动态符号还可以采用发生时长、变化速率、变化次序和节奏等复合变量。

发生时长主要用于表现动态现象的延续过程。

变化速率可反映同一图像在方向、亮度、颜色、尺寸、形状等方面的变化速率，是电子地图重要的图形变化手段（图 6 – 13）。

变化次序是把符号状态变化过程中各帧状态按出现的时间顺序，离散化处理成各帧状态值，使之渐次出现，可用于任何有序量的可视化表达。

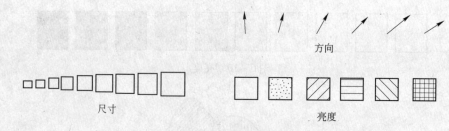

图 6 – 13　变化速率

节奏主要用于描述周期性变化现象的重复性特征，可用周期性函数表示（图 6 – 14）。

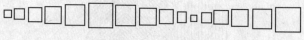

图 6 – 14　节奏

6.3.7　视觉变量的组合

在千变万化的符号形式中，根据空间事物相互联系的特征，以某种变量为主脉，可以形成一系列结构符号。

对于点状符号，我们可以通过改变形状、间断形状、附加形状、不同的形状变量组合或改变点状符号的方向而形成符号系列（图 6 – 15）。

线状符号的形状变量的连续变化，可以产生实线和间断线，也可以用叠加、组合和定向构成一个相互联系的线状符号系列。另外，线状符号的变化也不限于一种变量，尺寸变量和色相也参与了线状符号的变异。

面状符号的结构中，网纹变量起很大作用，在一定意义上可以说网纹变量是形状变量的组合。颜色变量也是面状符号系列的重要部分。

从构形而言，视觉变量产生的符号可以区分为规则的和不规则的图形。象形符号是一种不规则符号，很难以某种变量说明它。

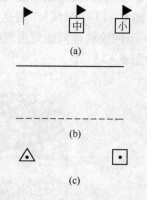

图 6 – 15　视觉变量的组合
（a）点状符号附加形状；
（b）线状符号间断形状；
（c）点状符号改变形状

6.4　彩　　色

每一种彩色视觉都可依据三个特性进行度量，即色相、亮度和彩度。

色相是色彩视觉相互区别的心理学特征，它取决于某种彩色反射光谱的主波长。我们把红、橙、黄、绿、蓝、紫定为基本相色。其中，红、绿、蓝称为三原色，又称加色原色，用于光的混合和色彩监视器的色彩显示。黄、品红、青称为三间色，又称减色原色，用于颜料和印刷。

亮度表示色光的强度，是彩色和非彩色的明暗特征。任何色相的量度级分的过多时，都不容易被识别，亮度对比加大，才容易分辨。

彩度的心理学概念就是饱和度，是指彩色相对于光谱色的纯洁度。彩度对于色彩来说，不仅是一种量度标准，而且构成了色彩的千差万别，丰富了色库。彩度常常参与地图的配色，不同的彩度弥补了图面的彩色设计。

6.4.1　彩色的作用

色彩在地图感受中的作用十分显著：

（1）色彩的运用简化了图形符号系统，提高了地图传递空间信息的容量。颜色是视觉可分辨形式特征之一，它具有信息载负的能力，利用色彩可以表现制图对象的空间分布、内容结构、数量、质量特征等，增大了地图传递的信息量。

（2）改善地图语言的视觉效果。色彩属性的演变可产生各种视觉效果，如整体感、性质差异感、等级感、立体感、动态感等。这些效果的运用使地图要素易于辨别，各种关系清楚明确。

（3）用视觉次序反映地物的数量特征和动态变化。依靠人们对色彩的感知能力，有些不能用图形符号描述的内容，可通过色彩表现出来，并加深对该内容的认识与理解。例如，可以用亮度表示顺序或间距量表，用彩度表达现象随时间的变化。

（4）提高地图内容表现的科学性。色彩的合理使用可以加强地图要素分类、分级系统的直观性。选择分类，既方便某一要素提取，又能把区域景观综合体中各要素的关系反映清楚。

（5）增进地图的美感和艺术造型。当色彩设计既能正确表现地图内容，又能给人一种清新和谐的审美感受时，这就是一幅成功的地图作品。其审美价值不仅表现在使人们从美学意义上去欣赏地图作品，同时还能吸引读者注意力，进而促进对地图内容的认识和理解。

6.4.2　感受效应

地图色彩的选择，有些是以生理学为基础的，如人的知觉机制所起的作用构成设计图形时的限制；有些是以心理学为基础的，如对色彩产生寓意的和主观的效果；有些则是色彩应用长期形成的用色习惯。

6.4.2.1　前进色和后退色

把色彩区分为前进色和后退色是出于生理特性。红、橙、黄等颜色的视觉效果是使其更贴近观众，并在页面上更显突出，称为前进色。同时，红、橙、黄等颜色给人以温暖、舒适、有活力、热烈、兴奋、危险的感觉，也称暖色相。蓝、青、绿等冷色相给人感觉稳定和清爽，它们看起来还有远离观众的效果，产生寒冷、理智、平静的感觉，称为后退色。

地图上海洋部分用蓝色表示，地势部分分层设色时用暖色表示，都和色彩的感觉有关。

6.4.2.2　色彩的交互作用

观看色彩不仅取决于它的物理刺激，而且还会因周围色彩的交互作用而向对立色相转化，如同一种颜色在不同的背景下就会产生不同的刺激。

6.4.2.3　色彩的恒常性

同样的物体在不同光源或光线下颜色是恒定不变的，也就是说物体的颜色不是由入射光决定的，而是由物体本身的反射属性决定的。

当照射物体表面的光源的光谱成分发生变化时，我们看到地图的颜色会保持不变，这种特性称为色彩的恒常性。这主要是因为人类都有一种不因光源或者外界环境因素而改变对某一个特定物体色彩判断的心理倾向。某一个特定物体，由于光照环境的变化，该物体表面的反射谱会有不同，人类的视觉识别系统能够识别出这种变化，并能够判断出该变化是由光照环境的变化而产生的，当光照变化在一定范围内变动时，人类会在这一变化范围内认为该物体表面颜色是恒定不变的。

6.4.2.4　感情色彩

色彩与人的情感或情绪有着广泛的联系（表6－3），不同民族的文化特点又赋予色彩以各自的含义和象征，如汉族爱好红、黄、绿等颜色，忌讳黑、白等颜色。

表6－3　色彩的情感意义

色　彩	表示意义	运用效果
红	自由、血、火、胜利	紧张、兴奋、强烈煽动效果
橙	阳光、火、美食	活泼、愉快、温暖活跃
黄	阳光、辉煌、灿烂	华丽、富丽堂皇
绿	和平、春天、丰饶、充实、宁静、希望	友善、舒适
蓝	天空、海洋、信念	冷静、智慧、开阔
紫	忏悔、女性、虔诚	神秘感、女性化
白	贞洁、光明	纯洁、清爽
灰	质朴、阴天	普通、平易
黑	夜、高雅、死亡	气魄、男性化

6.4.2.5　习惯用色

色彩也不是都能寓意，相当一部分地图图例的色彩选择与感情因素无关，而是按照逻辑及习惯设定颜色。经过长期沿用，有的形成了规范，有的也已约定俗成，如地质图和土壤图中的颜色运用。

重要内容提示

1. 四种量表的含义和应用；
2. 构成符号的视觉变量及其应用；
3. 彩色的量度、感受效应、选配。

思　考　题

6－1　什么是量表系统，其特点是什么？
6－2　简述地图符号的定义。使用地图符号有什么优点？

6-3 按空间分布特征分和按比例关系分，地图符号各分为哪几类，各类符号的特点是什么？

6-4 地图符号的量表有哪几种？

6-5 构成符号的视觉变量包括哪些？

6-6 色彩的三要素（特性）是什么，什么是原色、间色、复色、补色？

6-7 颜色的三原色是什么，混合后得到什么颜色？光的三原色是什么，叠加后得到什么光？

6-8 查找河北省2013年各市小麦产量，利用顺序量表进行处理，并用相应的地图符号表示出来。

6-9 讨论一下不同的职业、性格、年龄的人群对颜色的喜好或心理特点。

7 地图符号设计

7.1 视觉变量的感受效果

视觉变量提供了符号辨别的基础，同时由于各种视觉变量引起的心理反应不同，又产生不同的感受效果，这正是表现制图对象各种特征所需要的知觉差异。

视觉变量可以产生的感受效果一般分为六类。

7.1.1 整体感和选择感

当我们组织所有这些变量完成一张地图任务——像语言的"造句"时，这些变量的作用是协同作业，它们服从于整体效果。正是几种变量的参与及它们自身的差异，才使图幅具有组合感受和整体性。在这里变量原有的差异退到了次要的地位。

整体感靠起主导作用的图形变量间不明显的差异来实现。由表达定名量表的图形变量（形状、方向、近似色、网纹）形成的整体感较强，含有量的因素的图形变量（如亮度、尺寸），整体感较差。

选择感受与整体感受并存。尺寸、亮度、网纹、颜色和方向等每一种视觉变量的选择都有自己的个性，所以选择感受体现了地图内容的差异。

利用差别大的变量可以体现选择感，如强对比色、亮度、尺寸、方向、网纹（图7-1）。

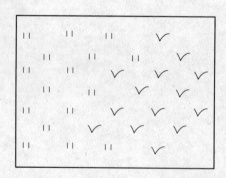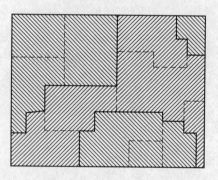

图7-1　整体感和选择感

7.1.2 次序感

次序感，也称等级感，即把现象分成大、中、小或高、中、低不同等级的感受效果。亮度、尺寸变量都能产生这种次序级别。网纹的纹理变量、网纹的方向变量参照亮度排序的模式，也可以产生次序感受，如图7-2所示。

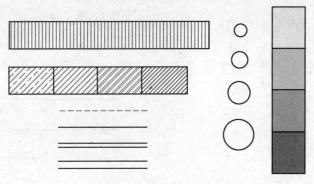

图 7-2　视觉变量的次序感

7.1.3　数量感

　　能够获得数量感受的变量，即二维平面上的尺寸，由于数量感要求变量具有可量度性，因而尺寸是产生数量感最好的变量。复杂的图形会影响人的视知觉对尺寸的判断，所以简单的几何图形表达数量感效果较好（图 7-3）。

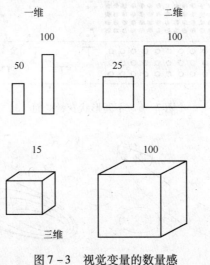

图 7-3　视觉变量的数量感

7.1.4　质量感

　　质量感是指观察对象被知觉区分为不同类别的感受效果。形状、色相和网纹是产生质量感的最好变量，尺寸和亮度很难表现质量差别（图 7-4～图 7-6）。对不同地类或不同森林图斑等面状对象一般用色相变量，表达地物分布的点状符号一般用形状和色相变量。

7.1.5　动态感

　　一些视觉变量有规律的排列和变化可引导视线的顺序运动，如在一定形状的图形中，利用尺寸、亮度、方向的渐变来产生动感（图 7-7）。另外，箭头是表达动态效果的习惯性用法，如货物的流通路线、洋流的运动等都可以用箭头表示。

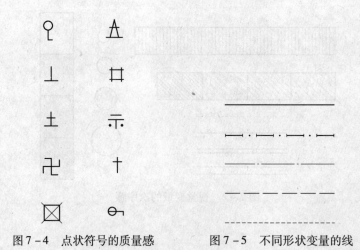

图 7-4 点状符号的质量感   图 7-5 不同形状变量的线

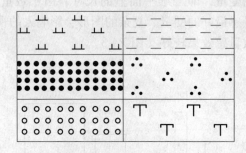

图 7-6 不同形状变量的面

图 7-7 视觉变量的动态感

7.1.6 立体感

地图的立体效果通常可以利用线性透视、纹理级差、图形大小、遮挡、光影变化、色彩饱和度及冷暖变化来体现，如图7-8所示。

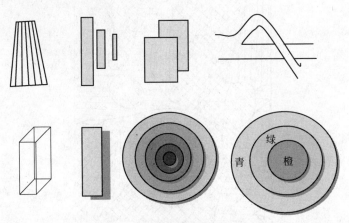

图7-8 视觉变量的立态感

总结视觉变量的感受效果如表7-1所示。

表7-1 视觉变量的感受效果

变量＼感受效果	整体感	选择感	次序感	数量感	质量感	动态感	立体感
尺寸	√	√	√	√		√	
亮度	√	√	√			√	√
网纹	√	√	√		√		
颜色	√	√			√		√
方向	√	√				√	
形状	√				√		

7.2 图形视觉的心理效果

聚类感受、视觉对比、层次结构、图形与背景、视觉平衡，都是影响地图设计的视觉心理因素。

7.2.1 聚类感受

大脑被认为是一个动力系统。聚类感受是视知觉对刺激物积极地组织从而使类似或邻近的刺激有结合起来的倾向。反之，不同类别的刺激容易在视觉上疏远。

（1）类似因素。相互类似的刺激容易组成整体，地图上山脉或河流的注记即使距离很远也不会读错，就是由于同一地物的注记的字体、字号、字的颜色等都是一样的（图7-9和图7-10）。

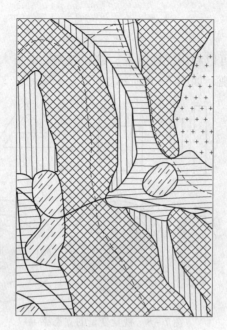

图7-9　类似因素的聚类感受（一）

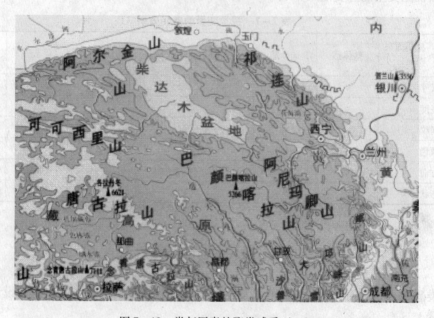

图7-10　类似因素的聚类感受（二）

（2）邻近因素。相互距离较短或互相邻接的刺激物，容易组成整体，如图7-11所示，距离较近的两根平行线更容易被感知成一个整体。

（3）闭合感觉。一个接近于完形但还没有闭合的图形，瞬时观察总有把它和拢的倾向（图7-12）。地形图中地类界点线符号的设计就利用了这一特点，既形成了封闭的效果，又降低了地图的载负量。

（4）完形倾向。彼此相属的部分容易组成整体，而不相属的部分便离开了主体。

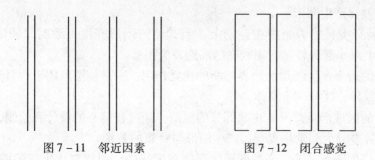

图7-11　邻近因素　　　　　　图7-12　闭合感觉

7.2.2　视觉对比

对比产生于视觉差异，可将地图上的图形区分为主要部分和次要部分。地图设计者应努力造成差异，以便在对比中取得协调。

（1）线划对比。线划的类型和宽度构成一张地图的网络，产生丰富的信息。线状符号的对比主要体现在线的形状变量、尺寸变量和色相等方面。

（2）色彩对比。色彩对比小的图形呆板单调，不能引起注意。色相对比在视觉中出现不同层次，产生地图结构的差异。由亮度的反差造成地图上的亮区和暗区可以突出主题。主题以外的图形普染浅灰色也可以显现主题的地位。冷暖色对比和互补色对比对一些图种非常有用。

（3）网纹对比。因为网纹多数用于面状符号，它的对比程度通常由选择的定性制图或定量制图的性质所决定。网纹的排列变量之间的差异性较大，对比明显产生选择性感受。

7.2.3　层次结构

大多数空间信息的传输，包含着复杂的关系，图形便需要进行层次分析，以便将地图资料清晰化和专题资料系统化，使重要性不同的地图内容层次结构分明。

（1）延伸网络。主要反映线状符号的网络关系，如河流系统的主流和分流关系，全国的道路系统也是如此（图7-13）。延伸网络通常是顺序性的，但对线路的等级进行量化，以显示空间信息的相对重要性。

（2）层次网络。多用于表示主题的分类系统。由于分类按上下级的关系组成网络，因此每项类别和特征都在网络中处于固定位置，一个类别的意义内涵要由该类别与其他类别和特征的关系来决定。

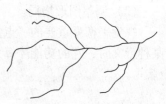

图7-13　干流和支流

（3）立体层次。和层次网络正好相反，它要求被表示的成分处于不同的视觉平面上。

（4）激活扩散。这种模型在地图上的应用：当一个系统被加工或受到刺激，在该系统的结点上就出现激活，然后沿结点的各连线，系统向四周扩散。

7.2.4　图形与背景

图形是具有一定界限、组织比较严密的，背景则是没有界限的同一性空间。在心理感受上，图形与背景的构成有如下特征：

（1）明暗差异产生图形。

视觉的特点就是注意力集中在差别上，当其他的图形亮度一致时，较暗部分成为图形，如果地图上海水部分较暗，则较亮的陆地成为图形。

（2）良好的边界产生图形。边界起两种视觉作用：一是使图形闭合，自然形成一个整体；二是产生差异，区分一个整体。

（3）清晰的区域产生差异。主题部分的地图，经过较精心的设计和绘制，与周边图形产生差异，这种差异为知觉场发现，产生图形与背景的差别。

（4）熟悉产生图形。若已知的图形已存储在记忆中，便能对比生疏的图形产生差异，从而在知觉场中使熟悉的图形突出。相反，若要是未曾记忆的区域成为图形，就需要组织较多的记忆因素。

（5）较小区域容易成为图形。较小区域与较大区域并列时，往往是小区域作为图形首先出现。

7.2.5　视觉平衡

平衡是一种均衡的状态。从知觉的感受而言，一个图廓的对角线交点是几何中心而不是视觉中心，达到均衡的视觉中心应该在高出几何中心5%的视点上。从视觉生理分析，只有当景象的刺激使大脑视皮层中生理力场的分布达到相互抵消的状态时，或者说，一旦到了任意更动一个变量或符号，图形便导致失调的状态时，就达到了令人满意的平衡。

美国阿恩海姆提出视觉平衡是由两个主导因素造成的：重力和方向。在地图图廓内，图形是根据它所在绝对位置、尺寸、形状决定重力，图形的相关位置、内容、形状决定方向。例如，图形规则的、紧凑的看上去比不规则的、不紧凑的重；孤立的图形又比有多种要素组织的图形重。要使图形产生平衡我们还要做到：

（1）把主题部分放在视觉中心；

（2）调整图形格局。

视觉平衡最重要的一点是：不要抛开图形或图组的内容去单纯追求平衡，当平衡显示某种意义时，它的功能才算发挥出来。

7.3　地图符号对制图对象特征的描述

制图对象的基本特征标志包括性质特征、数量特征、关系特征等。

7.3.1　性质特征的描述

对制图对象的性质特征的描述主要通过表达质量感的视觉变量来体现，如形状、色相、方向、网纹。

对于点状符号而言，主要是符号的形状、色相和方向变量（图7-14）。

不同性质特征的线状符号一般通过线型和色相的变化来体现，如铁路用黑白相间的线型，公路用实线，乡村路用长虚线，小路用短虚线等（图7-15）。对于有一定宽度的线状符号，如走向线，还可以用网纹变量来表达不同的类别。

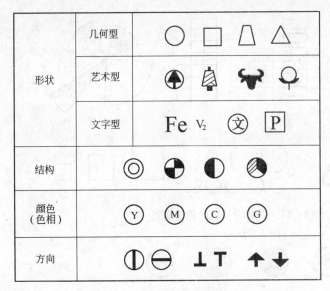

图 7 – 14　点状符号的性质特征

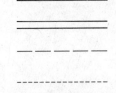

图 7 – 15　线型的变化

面状符号通常用颜色的色相变化和网纹变量中形状变量的集合来表达不同类型。其中，线纹是以线的方向、颜色、疏密、交叉和各种结构形式表现区域性质分类；点纹是以图形单位的形状（象征性）、方向、结构、颜色等变化表现性质特征；点纹的整列排列适于有规律的或人工对象，散列的适于自然对象。混合网纹可作为单一图形标志，也可表现多重分类的叠置（图 7 – 16）。

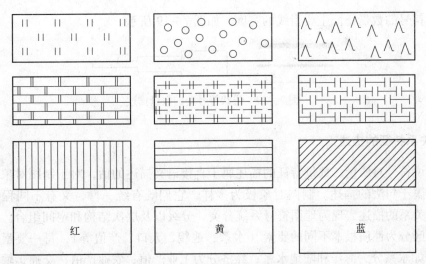

图 7 – 16　面状符号的性状特征

7.3.2　数量特征的描述

对制图对象的数量特征的描述主要通过表达数量感的视觉变量来体现。尺寸是表达数量特征的主要变量，可以表现制图现象具体数量，如图 7 – 17 所示。亮度、彩度和网纹变量也可用于表达数量的相对大小、顺序和等级，但不能反映绝对数量，如图 7 – 18 所示。

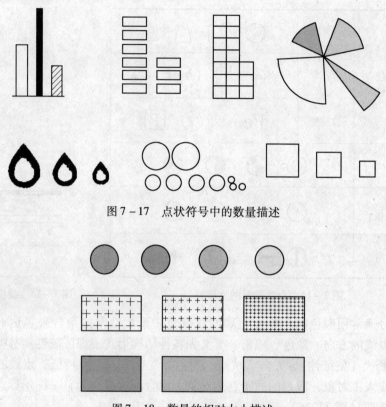

图7-17   点状符号中的数量描述

图7-18   数量的相对大小描述

线状符号的数量特征主要指线的宽度，如图7-19所示。

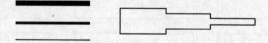

图7-19   线状符号中的数量描述

7.3.3   关系特征的描述

如果说符号对质量、数量特征的描述属于直接语义描述的话，对于制图对象相互关系的描述则属于句法的描述。制图对象极为多样，它们既有统一性，又有不同程度的差异性，这种关系的描述表现为地图符号系统分类、分级以及层次结构和空间组合。例如，把所有内容区分为性质根本不同的要素（水系、地貌、人口、产值等），每一要素又包含了若干类（如水系分为海洋和陆地水系；经济分为工业产值、农业产值、交通运输、服务业产值等），每一类还可区分为若干亚类（如陆地水系分为河流、湖泊、沟渠、水库、井泉等；工业分为冶金、机械、纺织等），甚至还可作更低层次的区分。显然，大的分类反映了概念上最本质的区别，而低层次的分类只具有较次要的区别。这种不同层次的隶属关系或等级关系，对于符号设计来说就是统一和差异的关系。图7-20是点状符号层次结构描述的方式，运用形状、色相、结构等差异分别构成视觉层次。面状符号以形状变量、色相、明度和方向的差别表现两级分类。最高级分类需要最强的视觉差异，等级越低差异越小。而同一层次中的所有符号之间应当既有一定的视觉差异，又有足够的共性，才能在视觉上产生一定的整体感。例如，第一层次可以用色相，第二层次可以用形状变量。

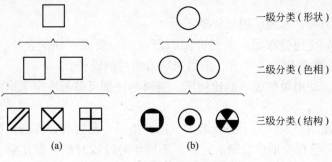

图7-20 点状符号的分类层次

7.4 地图符号设计的影响因素和要求

设计地图符号要从地图的整体要求出发，考虑各种情况，确定每个符号的形象及其在系统中的地位。

7.4.1 符号设计的影响因素

地图符号的设计虽然允许发挥制图者的想象力和表现出不同的制图风格，但符号形式既要受地图用途、比例尺、生产条件等因素的制约，也要受制图内容和技术条件的影响。因此必须综合考虑各方面的因素，才能设计出好的符号系统，如图7-21所示。

图7-21 符号设计的影响因素

地图内容是符号设计的基本出发点，符号设计反过来也对地图内容及其组合有一定的制约作用。

资料特点涉及表现对象的四个方面的特点：空间特征、测度特征、组织结构、其他特征。制图对象的空间特征包括点、线、面、体等情况，这决定着地图符号的相应类型。制图对象的测度特征指其所处的量表水平，包括定名量表、顺序量表、间距量表和比率量表，不同的测度水平需采用不同的符号表示法。制图对象的组织结构指其内容分类分级的层次性，这是处理符号形式逻辑特征的依据。另外，描述制图对象的资料的精确性和可靠程度，制图对象的形象、颜色、结构等方面特征也影响着符号的设计。

地图的使用要求影响地图内容的确定，又制约着符号设计。地图的使用要求包括以下几个方面：

（1）地图的类型，如现状图、规划图。

（2）主题，如交通分布图、水资源图。即使同一要素，如居民点，在地势图、行政图、经济图上的详细程度也不一样，所以影响着符号的设计。

（3）比例尺，使用单位要求的比例尺、资料的比例尺等都决定了地图内容的详简和地图符号的表达。

（4）地图的使用对象，对于有经验的专家，地图专题内容要详细，符号标准。对于普通的读者，地图符号则应形象易懂。另外，不同年龄段的对象，如儿童、老人，对地图符号的设色要求也不一样。

（5）地图的使用条件，如桌面用图、挂图、野外用图及多在晚上使用的地图等，不同的地图对符号的大小、色彩等会有不同的要求。

（6）地图所需的感受水平由资料特点、地图内容的主次和图面结构要求决定并影响着符号设计。地图一般都需要几个特定的感受水平。

（7）视觉变量，构成符号的基本单元，其选择直接关系到符号的形象特点。地图用符号表示制图对象的位置、类别、级别及各种不同的含义，因此，构成符号时要使其保持一定的差别，这种差别就靠改变六个图形变量来实现。

怎样应用基本图形变量来设计地图符号，下面就点、线、面三种情况分别讨论。

7.4.1.1 符号的形态变化

形态变化主要用于点状和线状符号设计，由不同的图形及其方向变异来实现。它只反映制图对象间质的差别，不反映数量关系。

对于点状符号而言，简单的几何图形一般是规则的，如圆；如果要表达物体的实际形态时，就要用象形，这些是不规则的。

形态变化是与物体特征的不同外形相联系的，它们可以分为：

（1）平面形态：依照物体的平面图设计符号，如独立房屋、水井等。

（2）侧面形态：依照物体的侧面图设计符号，一般是简化了的有特征和代表性的局部侧面，如普通地图上的工厂烟囱、独立树。

（3）会意形态：有些符号的形态和它所表示的物体的外观很少或不存在任何联系，但却同它们所表示的物体或现象有某种观念上的联系。阅读这类符号时能根据形态判读它的含义，如矿山符号、教堂符号、古战场符号、化学工厂符号等。

某些点状符号在形态不变的条件下，可以用方向来限定它的含义，也可以派生出新的符号。

线状符号的形态和所代表的实地物体之间的关系有着丰富的内涵。线状符号的形态设计遵循以下原则：

1）稳定性：稳定性好的物体用实线表示，稳定性差的用虚线。

2）重要性：重要的用实线，次要的用虚线。

3）精确性：精确的用实线，不精确的用虚线。

4）位置：地面上的用实线，地面下的用虚线。

7.4.1.2 符号的尺寸变化

符号的尺寸是表达数量特征最有效的变量。面状地物的位置范围是按比例尺表达其实际尺寸，不存在尺寸变化的问题。所以这里只涉及点状符号的大小和线状符号的粗细。

地图上的点状符号包括两个方面的作用：一是标明物体的含义及其位置，含义通过形状或颜色来表达的，只要尺寸达到能被人分辨就行；二是表明物体的重要程度，重要程度用不同的尺寸大小来表达。

尺寸变化就是用于表示物体的次序（顺序量表）、等级（间隔量表）或数值（比率量表）。

要使用规则的几何符号，通常是用圆、正方形和矩形等，不规则的符号面积不易精确量算，只能用于表达物体的顺序，如大、中、小等，不宜用于区分更多的等级和表示精确的比率数值。

线状符号的宽度是不依比例尺的，长度则是依比例尺的，所以线状符号的尺寸通常指线的粗细。

线状符号的基本尺寸通常使用能够感知、描绘、印刷的最小尺寸，以表达线状物体和现象的存在，如地类界。

对于具有重要意义或某些具有测定值的线状物体，则根据具体情况放宽它们的符号尺寸。例如，有实际宽度的道路符号一般都用比真实尺度大很多倍的符号表示，而且根据宽度或等级分级，并通过尺寸变量表达出来。

7.4.1.3 符号的颜色变化

颜色变化通过改变色相、亮度和饱和度来实现。其中，色相变化主要用于表达事物质的方面（定名数据）；而亮度则被用于表达各种与数量相关的数据类型，但主要是分级数据（顺序量表、间隔量表，只有等级，没有具体值）。

一般来说，点状符号和线状符号只使用色相，面状符号则广泛地使用颜色变化的各个方面，多用色相表示类别，用亮度表示每类的不同等级。

设计符号不能离开视觉的特性和视觉感受的心理物理规律。在较好的观察条件下，一般视力的线划分辨能力如表 7 - 2 所示。

表 7 - 2　一般视力的线划分辨能力

距离/mm　种类	点的直径	单线粗度	实线间隔	虚线间隔	汉字大小
250	0.17	0.05	0.10	0.12	1.75
500	0.30	0.13	0.20	0.15	2.50
1000	0.70	0.20	0.40	0.50	3.50

实际使用时，要根据预定读图距离、读者特点（年龄、职业）、使用环境、图面结构复杂程度等作必要的调整、修改和试验。同时，要注意根据图面环境对视错觉（不同环境、位置、方向相同的图看成是有差别的，如图 7 - 22 中两条平行线和另一侧直线的关系）加以纠正和利用。

技术和成本因素主要指绘图技术和印刷技术水平。绘图员的技术水平和印刷技术水平是确定符号线划尺寸和间距等不能忽视的因素。同时，符号设计方案应尽可能利用现有条

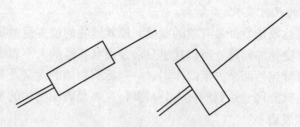

图7-22 视错觉的影响

件以降低成本。

传统习惯与标准是符号设计的基本出发点。普通地图要素一般应尽量沿用标准符号或至少与之相邻的符号；专题内容虽大多尚无标准化规定，但也应尽可能采用习惯的形式。

7.4.2 符号设计的要求

地图符号的设计要在制图对象基础之上，对其进行简化，注意符号和所代表对象的自然联系。地图符号应清晰易读。

地图上的大部分图形符号都需要图案化。对制图形象素材进行整理、夸张、变形，使之成为比较简单的规则化图形。对于有具体形象的制图对象，一般应从其具体形象出发构成图案化符号；对没有具体形象的制图对象则可采用会意性图案。

符号的图案化，首先要对形象素材进行高度概括，表现其最基本特征，使成为非素描的简略图形；其次，图形应尽可能地规格化。

符号要具有象征性，在设计图案化符号时，一般应尽可能地保留甚至夸张事物的形象特征，使符号和对象之间具有一定的自然联系，便于理解。

地图符号要保证清晰易读，就要注重符号的简单性、对比度和紧凑性三个方面（图7-23）。

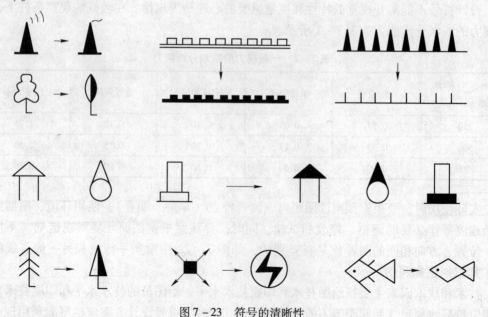

图7-23 符号的清晰性

　　地图符号的设计应考虑符号群体内部的逻辑关系，这是符号能够相互配合使用的必要条件，如图 7 – 24 所示。

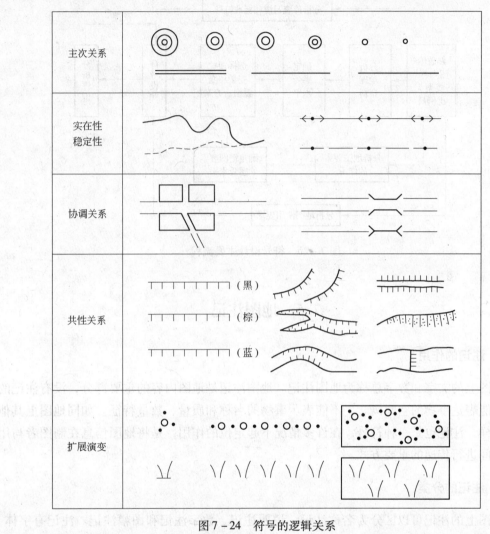

图 7 – 24　符号的逻辑关系

　　另外，符号形式应适应于相应的地图类型和读者对象，还要顾及制图生产条件及经费成本（符号的尺寸、精细程度、符号用色等）。

　　对于内容不太复杂的单幅地图来说，符号设计不太困难，但对内容复杂的地图或地图集来说，符号类型多、数量大，各有不同的要求，但又要表现出一定的统一性，从而构成系统，难度就大一些。

　　符号设计首先应从地图使用要求出发，对地图基本内容及其资料进行全面的分析研究，拟定分类分级原则；其次是确定各项内容在地图整体结构中的地位，并据此排定它们所应有的感受水平；然后选择适当的视觉变量及变量组合方案。进入具体设计阶段，要选择每个符号的形象素材，在这个素材的基础上，概括抽象形成具体的图案符号。初步设计往往不一定十分理想，因而常常需要经过局部的试验和分析评价，根据反馈信息重新对符号进行修改。在这个主要的设计过程中还要同时考虑上述各种有关的因素。图 7 – 25 为地图符号设计的主要流程。

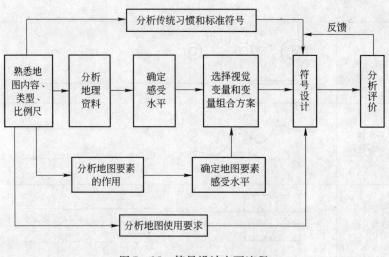

图7-25　符号设计主要流程

7.5　地图注记

7.5.1　注记的作用

　　地图上的文字和数字总称为地图注记。地图注记是地图内容的重要部分，没有注记的地图只能表达事物的空间概念，不能表示事物的名称和质量、数量特征。如同地图上其他符号一样，注记也是一种符号，在许多情况下起定位的作用，是将地图信息在制图者与用图者之间进行传递的重要方式。

7.5.2　注记的分类

　　地图上的注记可以区分为名称注记、说明注记、数字注记和图幅注记。注记有字体、尺寸、色相等要素，从而成为空间信息归类的手段。例如在普通地图上，通常黑色表示人文地物，蓝色表示水文地物，棕色表示地貌，绿色表示植被。注记的尺寸反映地物的重要程度，注记的字体则反映地物的级别，所以注记在地图上出现和排列的好坏影响空间信息的表达及地图的阅读。注记既是地图上的功能符号，也参与地图的艺术设计。

7.5.3　注记的配置与排列

　　注记不能压盖重要地理事物，应与被注记地理事物的关系明确，且图面注记的密度与被注记地理事物的密度要一致。

　　点状符号的注记一般可以排列在符号的四周，多用水平排列。线状事物注记多用雁行排列、屈曲排列。面状事物注记可以使用水平排列、垂直排列、雁行排列、屈曲排列多种形式，以水平排列常见。

重要内容提示

1. 视觉变量的感受效果；
2. 图形的心理感受效果；
3. 符号设计的要求；
4. 符号设计的影响因素。

思考题

7-1 视觉变量的感受效果有哪些？

7-2 图形视觉的心理效应有哪些？

7-3 可以用来描述制图对象的性质特征的变量有哪些？

7-4 影响符号设计的因素有哪些？

7-5 符号设计有什么要求？

7-6 注记的作用（意义）是什么，地图注记分为哪几种，它们能表达地理事物的哪些特征？

7-7 任意设计一组地图符号，灵活运用构成地图符号的视觉变量。

8 普通地图内容表示

8.1 普通地图的内容及其类型

地图图型是指按照某种指标，对地图所划分的类型。根据地图内容可以把地图分为普通地图与专题地图两大类。普通地图是用相对平衡的详细程度来表示地球表面的地貌、水系、土质植被、居民点、交通网、境界线等自然地理要素和社会人文要素一般特征的地图。专题地图是把专题现象或普通地图的某些要素在地理底图上显示的特别完备和详细而将其余要素列于次要地位，或不予表示，从而使内容专题化的地图。

普通地图又分为地形图和地理图两种类型。地理图是指概括程度比较高，以反映要素基本分布规律为主的一种普通地图。地形图通常是指比例尺大于 1∶100 万，按照统一的数学基础、图式图例，统一的测量和编图规范要求，经过实地测绘或根据遥感资料，配合其他有关资料编绘而成的一种普通地图。

地形图与地理图不能简单以比例尺划分，其本质区别在于地理图概括程度比较高，以反映要素基本分布规律为主。

8.2 自然地理要素的表示

8.2.1 海洋要素

普通地图上海洋要素表示的重点是海岸线及海底地形。

8.2.1.1 海岸的表示

在地理图上表示海岸线，要针对不同的海岸基本类型及特征，给予不同的表现方法。海岸线通常以蓝色实线表示，通常为多年大潮的高潮位形成的海陆分界线，另用黑色点线表示低潮水位岸线（低潮线）。海岸特征，如危险岸、沙岸、土岸、岩岸、陡岸、斜岸、无滩陡岸、有滩陡岸、水中礁、明礁、暗礁、干出礁等，用各种符号表示。高潮水位和低潮水位之间的海滩地带，称为干出滩或潮间地。通常用符号和说明注记表示各种干出滩，如沙滩、沙砾滩、岩滩、淤泥滩、贝类滩、红树林滩等。

8.2.1.2 海底地貌的表示

海底地貌，可以用水深注记、等深线、分层设色和晕渲等方法表示。水深点不标点位，而用水深注记整数位的几何中心代替。可靠、新测的水深点用斜体字注出，不可靠的、旧资料的水深点用正体字注出，不足整米的小数位用较小的字注于整数右下方，如 23_5。

等深线有两种形式，类似于境界线的点线符号或细实线符号。

海洋要素的图示符号如表8-1所示。

表8-1 海洋要素的图示符号

编 号	符号名称	1:2.5万、1:5万、1:10万
8.36	海岸线、干出线 a. 海岸线 b. 干出线	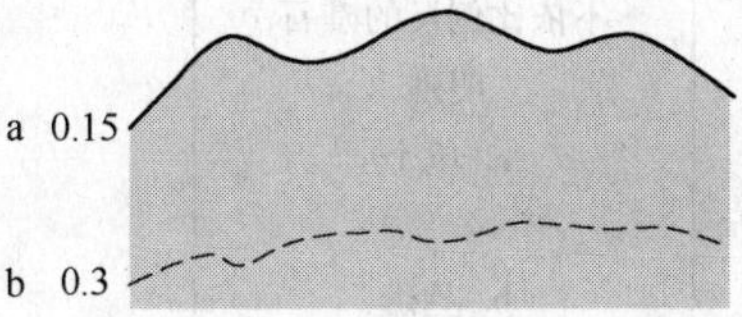 a 0.15 b 0.3
8.37 8.37.1	干出滩 沙滩、河道	 沙
8.37.2	沙砾滩、砾石滩	 沙砾
8.37.3	淤泥滩	 1.5 1.5 淤泥
8.37.4	沙泥滩、潮水沟	 沙泥
8.37.5	岩滩、珊瑚滩	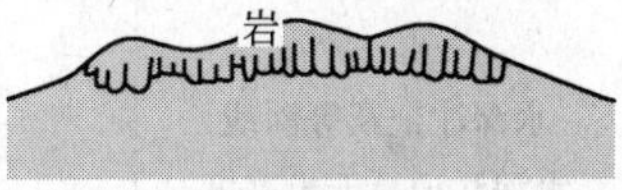 岩
8.37.6	红树林滩	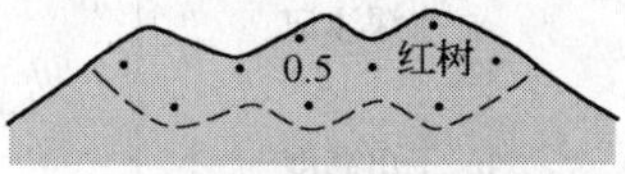 0.5 红树
8.37.7	贝类养殖滩	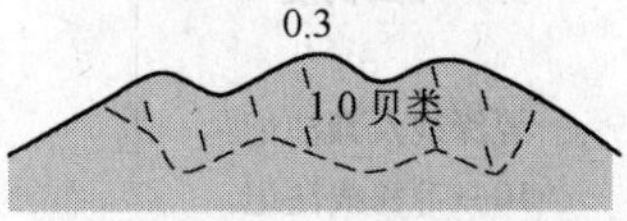 0.3 1.0 贝类
8.37.8	狭窄干出滩	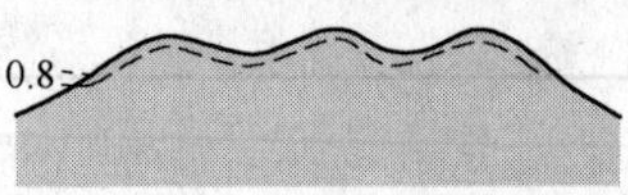 0.8
8.38	水产养殖场	 海带
8.39	危险岸	 危险岸

编　号	符号名称	1 : 2.5 万、1 : 5 万、1 : 10 万		
8.40	礁石			
8.40.1	不依比例尺的礁石			
8.40.1.1	明礁			
	a. 单个	a	1.0　▲	Ⓐ
	b. 丛礁	b	▲▲	(▲▲)
8.40.1.2	干出礁			
	a. 单个	a	1.0　+	(+)
	b. 丛礁	b	+ +⁺	(+⁺+)
8.40.1.3	暗礁			
	a. 单个	a	1.0　⊤	(⊤)
	b. 丛礁	b	⊤ ⊤⊤	(⊤⊤⊤)
8.40.2	依比例尺的干出礁、暗礁		⌇⌇暗	
8.41	水深注记及等深线			
8.41.1	水深注记、干出高度			
	a. 水深注记	a	5	
	b. 干出高度	b	2̲	
8.41.2	等深线及其注记 10—等深线注记		————— 10 —————	

8.2.2　陆地水系

　　水系是指一定流域范围内，由地表大大小小的水体构成的脉络相同的系统。水系是地图上重要的表示内容，是地理环境中重要的组成要素。水系对反映区域地理特征具有标志性作用，对居民点、交通网的分布和工农业生产的布局等有显著的影响。同时，水系是空中和地面判定方位的重要目标。从地图制图角度考虑，水系是地图内容的控制骨架。

8.2.2.1　河流的表示

　　在表现方法上，一般以蓝色线状符号的轴线表示河流的位置及长度，以线状符号的粗细表示河流的宽度。双线河流则以蓝色线状符号表示河流的水涯线，以浅蓝色表示水部。

与河流相联系的还有运河和干渠，一般用平行双线（水部浅蓝）或等粗的实线表示，并根据地图比例尺和实地宽度分别使用不同粗细的线状符号，在地理图上一般只以蓝色的单实线表示。

8.2.2.2 湖泊的表示

湖泊是水系中的重要组成部分，它不仅能反映环境的水资源及湿润状况，同时还能反映区域的景观特征及环境演变的进程和发展方向。

湖泊的表示与河流类似，通常以蓝色实线或虚线表示湖泊轮廓，以浅蓝色表示水部。实线表示常年积水的湖泊，虚线表示季节性出现的时令湖。湖泊的水质，可用不同颜色加以区分。

8.2.2.3 水库的表示

水库是为饮水、灌溉、防洪、发电航运等需要而建造的人工湖泊。水库的表示一定要与地形的等高线相适应。在地图上能用真形表示的，则用蓝色水涯线表示，配以浅蓝色水部，并标明坝址。对不能依比例尺表示的，则用点状符号表示。

8.2.2.4 井、泉的表示

井、泉虽小，但它却有不可忽视的存在价值。在干旱区域、特殊区域地图上，用点状符号加以表示。表 8－2 为 1∶2.5 万、1∶5 万、1∶10 万水系的图示符号。

表 8－2 1∶2.5 万、1∶5 万、1∶10 万水系的图示符号

编　号	符号名称	1∶2.5 万、1∶5 万、1∶10 万
8 8.1	水系及附属设施 河流、湖泊、水库 a. 水涯线 b. 高水界	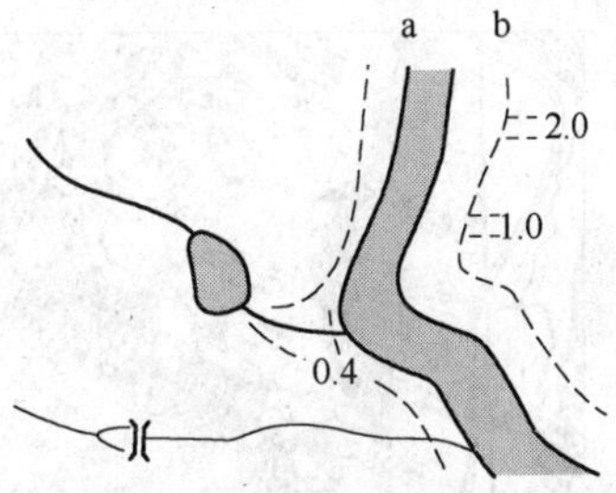
8.2	流向、流速 a. 通航河段起止点 b. 流向、流速 0.3—流速（m/s）	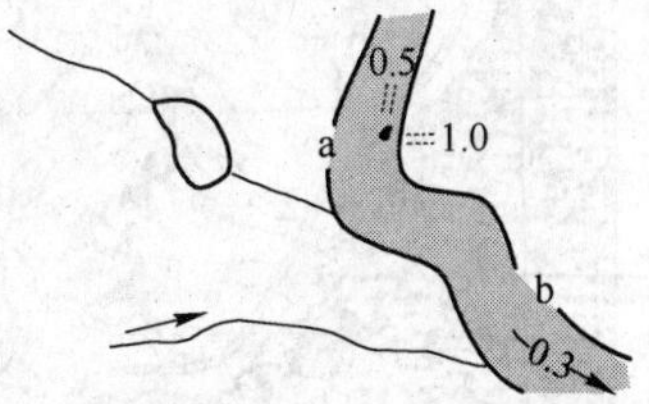
8.3	时令河、时令湖 （5－10）—有水月份	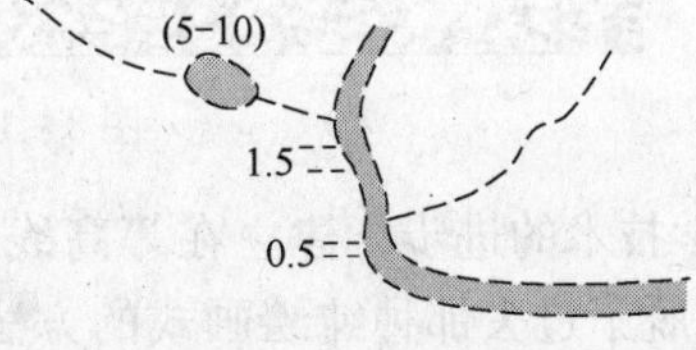

续表 8－2

编　号	符号名称	1:2.5万、1:5万、1:10万
8.4	消失河段	
8.5	地下河段	

8.2.3　地貌要素

地貌要素的表示法有写景法、晕瀚法、等高线法、分层设色法、地貌晕渲法等，其中以等高线法、分层设色法、地貌晕渲法比较常用。

8.2.3.1　写景法

以绘画写景的形式表示地貌起伏和分布位置的地貌表示法，又称透视法，是一种古老的方法。

用这种方法描绘的地势，好像读者从地图图廓外上空看过去一样，能看到的一个侧面，图形颇为逼真，它能把山脉、主要河流的大体走向及重要山峰的相对位置显示清楚，但是有很大的任意性，当然不可能在图上进行量测（图 8－1）。

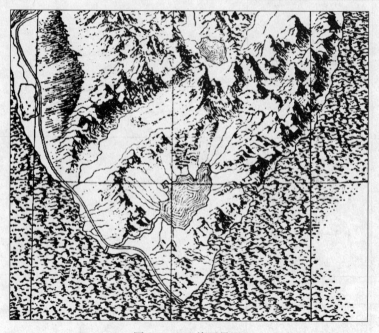

图 8－1　地貌写景图

随着科学技术的进步，建立在等高线基础之上的近代写景法又有了很大的改进（图8－2）。它摆脱了过去那种纯绘画式的方法，采用透视法则，运用等高线原理，并参照航空相片，使绘成的图形能较为科学地表示地势的形态、位置、高程等。利用数字高程模型

（digital elevation model，简称 DEM）数据绘制地貌透视图，不仅精度高，而且更能生动地体现出地貌的立体形态。

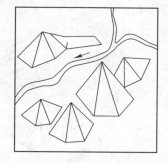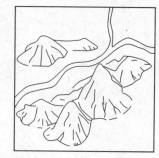

图 8-2　根据等高线素描的地貌写景图

8.2.3.2　晕滃法

晕滃法是沿斜坡方向布置晕线表示地貌的方法。它的设计原则是根据光线垂直照射时，地面与其水平面的倾角越大，则所受到的光照就越少的原理。因此，可以计算出不同倾角的晕线粗细与线间间隔。用此方法描绘的晕线，不仅可以显示地貌起伏的分布范围，而且可以表现不同的地面坡度（图 8-3）。

图 8-3　晕滃法

8.2.3.3　等高线法

等高线法是通过等高线的组合来具体反映地面的起伏大小和形态变化（图 8-4）。用等高线表示地貌的定位精度，取决于等高线的获取方法及地图比例尺。

等高线符号一般多为棕色。地形图上的等高线分为以下几种情况：（1）首曲线，用细实线描绘；（2）计曲线，用加粗的实线表示；（3）补充等高线：间曲线，以长虚线表示；助曲线，以短虚线表示（图 8-5）。

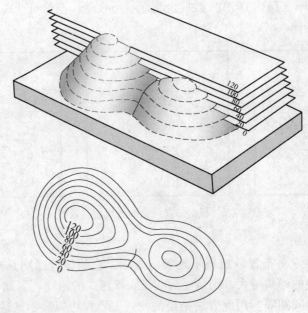

图 8-4   等高线法

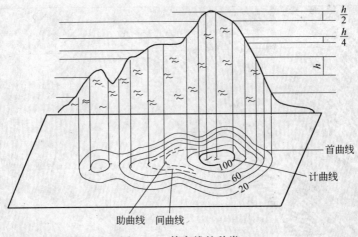

图 8-5   等高线的种类

地形图上相邻等高线的高程差称为等高距。在大、中比例尺地形图上等高距是固定的,根据等高线的疏密可以判断地形的变化情况。表 8-3 为大、中比例尺地形图等高距情况。

表 8-3   大、中比例尺地形图等高距情况

比 例 尺	平原－低山区/m	高山区/m
1∶1 万	2.5	5
1∶2.5 万	5	10
1∶5 万	10	20
1∶10 万	20	40
1∶25 万	50	100
1∶50 万	100	200

等高线法表示地形的缺点是立体感较差，且两条等高线间的微地形无法体现出来。为了增强等高线法的立体效果，可以使用明暗等高线法，就是使每一条等高线因受光位置不同而绘以黑色或白色，以加强立体感，或使用粗细等高线法，将背光面的等高线加粗，向光面的绘成细线，以增强立体效果。微地形的表示需用地貌符号和地貌注记予以配合和补充。

8.2.3.4 分层设色法

分层设色法是在等高线的基础上，根据地图的用途、比例尺和区域特征，将等高线划分一些层级，并在每一层级的面积内普染不同的颜色，以色相色调的差异表示地势高低的方法。读者可从色层的变化了解地面高低起伏的变化，并判定大的地貌类型的分布（图8-6）。

这种方法加强了高程分布的直观印象，更容易判读地势状况，特别是有了色彩的正确配合，使地图增强了立体感，同时使地图在一览之下立即获得高程分布及其相互对比的印象。

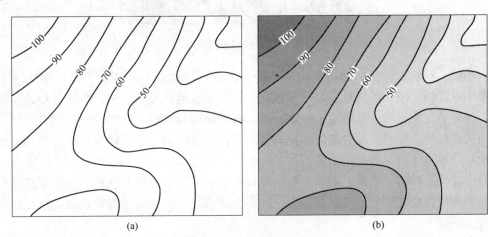

(a)   (b)

图8-6 分层设色法

8.2.3.5 地貌晕渲法

地貌晕渲法是把光影在地面上的分布规律进行归纳总结，在地图平面上用不同色调的浓淡表示全部光影变化，以获得图上地貌的起伏立体感的方法（图8-7）。其主要表现形式有：

（1）根据三种光照原则分为直照晕渲、斜照晕渲和综合光照晕渲。

（2）按晕渲表现地貌的详细程度分为全晕渲和半晕渲。

地貌晕渲法生动直观、立体感强，但是不能量测其坡度，也不能明显表示地面高程的分布。

8.2.3.6 地貌符号与地貌注记

A 地貌符号

地貌符号是对一些特殊地貌的表示。有一些地貌特征仅用等高线还不能确切地反映出地面起伏的真实情况，就采用一些特殊的地貌符号加以辅助表示，如土堆、坑穴、溶斗、

图 8-7　地貌晕渲法

岩峰、崩坡、滑坡、陡崖、梯田、冲沟；陡石山、石块地、干河床、干湖、沙地（平沙地、多小丘沙地、波状沙丘地、新月形沙丘地、多垄沙地、窝状沙地、半固定沙地、固定沙地、沙砾地、戈壁滩、盐碱地、小草丘地、残丘地等）。

山头和洼地，如果在没有加注注记的情况下，很难区别，那么就只有在等高线上按坡降方向绘一垂直短线，称其为示坡线。

对于陡坎、冲沟、滑坡、田坎、断崖等特殊地貌，除了用等高线外，还需要其他专门符号、高程或比高注记与等高线相配合，才能表达清楚。在表示这种地貌时注意与等高线的配合关系。

常见的地貌符号如表 8-4 所示。

表 8-4　普通地图上常用地貌符号示例

符号类别		大比例尺地形图	其他地形图	小比例尺地形图
一般的地貌	低地			
	山洞			
	陡石山			
	陡崖			
	冲沟			
	崩崖			
	滑坡			

符号类别		大比例尺地形图	其他地形图	小比例尺地形图
岩溶地貌	岩峰 溶斗			
火山地貌	火山 火山口 岩墙（脉） 熔岩流			
沙地地貌	平沙地 多小丘沙地 波状沙丘地 多垄沙地 窝状沙地 沙砾地 戈壁滩			
冰雪地貌 （蓝色）	粒雪原 冰裂缝 冰陡崖 冰川 冰碛 冰塔			

B　地貌注记

地貌注记包括高程注记、说明注记和一些地貌名称注记。

高程注记：高程点注记用来表示等高线不能显示的山头和凹地等，以加强等高线的量读性能；等高线注记在平直斜坡、便于阅读的方位注出。

说明注记：用以说明物体的比高、宽度和性质等，按图式规定与符号配合使用。

地貌名称注记：山峰名称多与高程注记配合注出，通常用中长等线体或中长宋体注出，用水平字列；山脉名称沿山脊中心线注出。在不表示地貌的地图上，可借用名称注记大致表明山脉的伸展、山体的位置等，通常用屈曲字列的右耸肩等线体注出。

8.2.4　独立地物

独立地物是实地形体较小，无法按比例尺表示的一些地物。地图上表示的独立地物主要包括工业、农业、历史文化、地形等方面的标志。

独立地物具有明显的方位意义，对地图定向、判定方位等意义较大。在地形图上，符

号按规定的相应主点进行精确定位，当与其他符号发生占位冲突时，一般保持独立地物符
号位置的准确。

独立地物大都以侧视的象形符号表示，在 1∶2.5 万～1∶10 万地形图上表示得较详细，
随比例尺的缩小，表示的内容减少，小比例尺地图上，主要以表示历史文化方面的独立地
物为主。

8.2.5　土质和植被

普通地图上表示土质植被的目的，主要是为了向用图者提供区域地表覆盖的宏观情
况，因此表示的比较概略，而且与专题地图上表示的土壤、植被有着截然不同的含义。普
通地图上表示的土质并不是地学中所称为的土壤，而是指地表覆盖的性质，如山区的裸
岩、冰川，平原上的沙地、沼泽地和盐碱地等。植被是指植被覆盖的总称，分天然植被与
人工植被两大类。

土质和植被是一种面状分布的物体。地形图上常用地类界、说明符号、底色和说明注
记相配合来表示（表 8 – 5）。

表 8 – 5　土质和植被的图示符号

编号	符号名称	1∶2.5 万、1∶5 万、1∶10 万
11.1	地类界	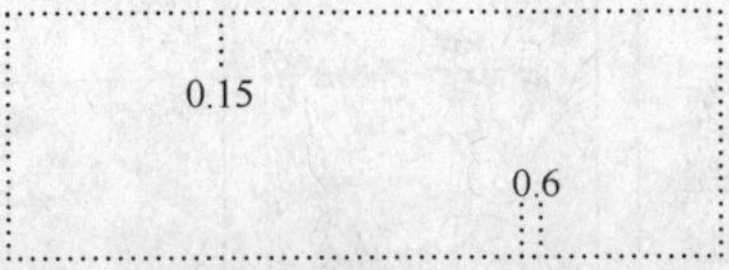 0.15　　0.6
11.2 11.2.1	森林 成林 a. 阔叶林 b. 针叶林 c. 阔叶针叶混交林	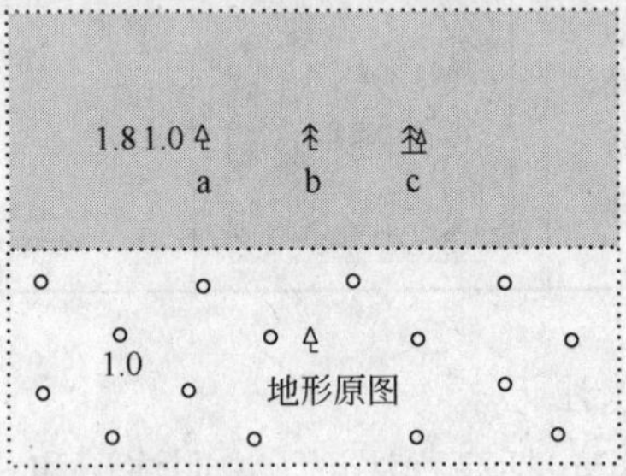 1.81.0　a　b　c 1.0　地形原图
11.2.2	幼林	 幼
11.2.3	疏林	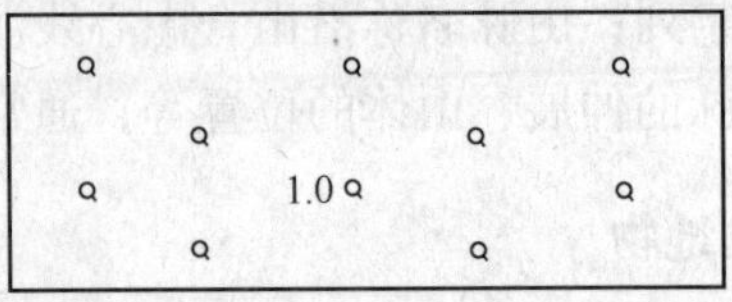 1.0
11.2.4 11.2.5	小面积树林 狭长林带	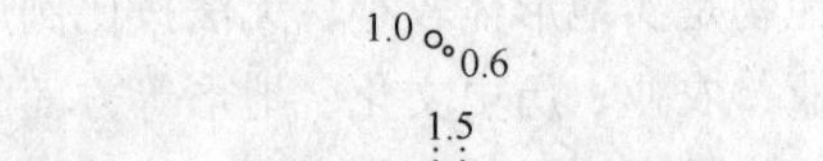 1.0　0.6 1.5 0.6

编号	符号名称	1:2.5万、1:5万、1:10万
11.3 11.3.1	灌木林 密集灌木林	0.6 ···· 0.2
11.3.2	稀疏灌木林	
11.3.3 11.3.4	小面积灌木林、灌木丛 狭长灌木林	0.2 · 0.6 0.2　0.6　1.2
11.4 11.4.1	竹林 大面积的竹林	1.2 0.8

地类界：通常用点线符号绘出不同类别的地面覆盖物的分布范围。

说明符号：在植被分布范围内用符号说明其种类和性质。

底色：在森林、幼林等植被分布范围内为绿色底色（网点、网线或平色）。

说明注记：在大面积土质和植被范围内加注文字和数字注记，说明其质量和数量特征。

8.3　社会人文要素的表示

居民点、交通网、境界线统称为普通地图上的社会人文要素。

8.3.1　居民点

居民点是人类由于社会生产和生活的需要而形成的居住和活动的场所。特别在地理图上，主要表示居民点的位置、类型、人口数量和行政等级。

（1）居民地的形状：内部结构和外部轮廓，在普通地图上都尽可能地按比例尺描绘出居民地的真实形状。在地图比例尺较小或居民地等级较低时，居民点用圈形符号表示（图8－8）。

（2）居民点的类型：分城镇居民点和乡村居民点两大类。不同的居民点类型通过不同字体区别。城镇居民点用中、粗等线体表示；乡村居民点用细等线体表示。

（3）居民点人口数量：能够反映居民地的规模大小及经济发展状况。一般通过大小不同的圈形符号加以区分或通过注记的字体、字号的区别配合表示（图8－9）。

（4）居民点的行政等级：我国居民点的行政等级分为首都、省、自治区、直辖市人民

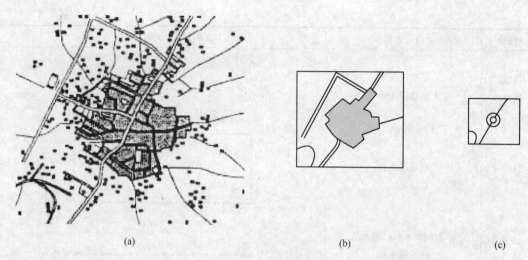

(a)   (b)   (c)

图 8-8   居民点的表示

（a）大比例尺地图上；（b）中比例尺地图上；（c）小比例尺地图上

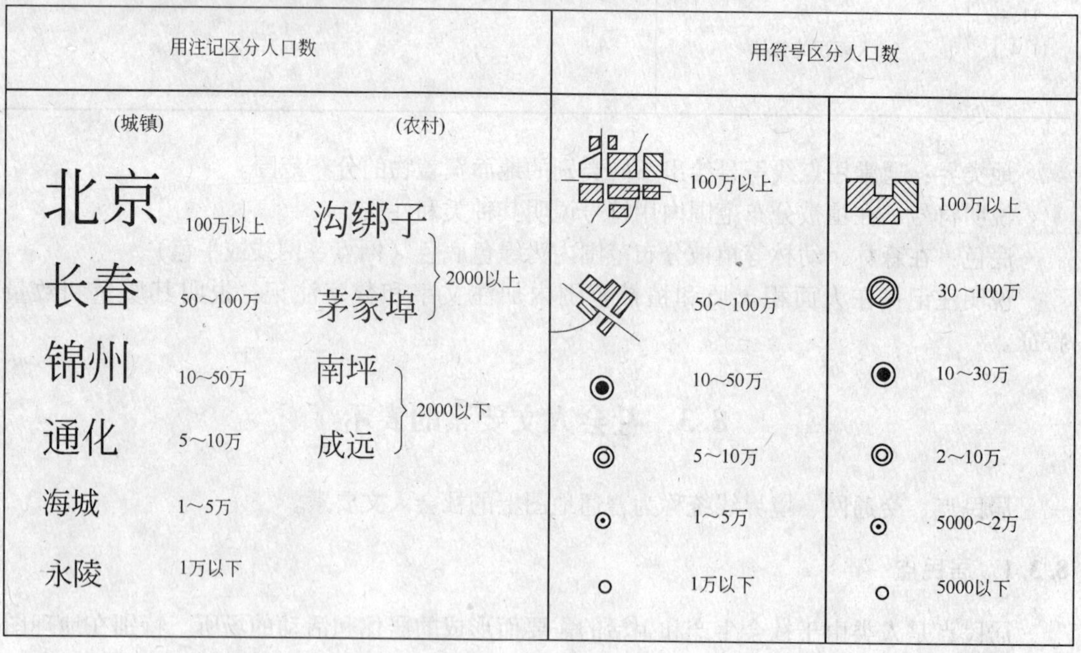

用注记区分人口数		用符号区分人口数	
(城镇)	(农村)		
北京 100万以上	沟绑子 ⎫	100万以上	100万以上
长春 50～100万	茅家埠 ⎬2000以上	50～100万	30～100万
锦州 10～50万	南坪 ⎫	10～50万	10～30万
通化 5～10万	成远 ⎬2000以下	5～10万	2～10万
海城 1～5万		1～5万	5000～2万
永陵 1万以下		1万以下	5000以下

图 8-9   居民点的人口数

政府所在地，市、自治州、盟人民政府所在地，县、自治县、旗人民政府所在地，乡、镇人民政府驻地，村民委员会驻地6级。

    用地名注记的字体区分行政等级是一种较好的方法，如粗等线、中等线、细等线，或粗等线、宋体、仿宋体。也可以利用地名注记的字号及黑度变化来区分行政等级，等级越高，字号越大，颜色越深（表8-6）。

    另外，用居民地圈形符号的图形和尺寸变化也可以区分行政等级，此方法特别适用于不需要表示人口数的地图上。

表 8-6 居民点的行政等级的图示符号

行政等级	用注记区分	用符号及辅助线区分		
首都	▢▢▢ 等线	★ （红）	★ （红）	
省、自治区、直辖市	▢▢▢ 等线	●▢▢▢ （省）	◎ ◎ （省辖市）	
自治州、地、盟	▢▢▢ 等线	●▢▢▢ （地）	（辅助线）	◉ ◙
市	▢▢▢ 等线			
县、旗、自治县	▢▢▢ 中等线	●▢▢	◉	◉
镇	▢▢▢ 中等线			
乡	▢▢▢ 宋体			◉
自然村	▢▢▢ 细等线	○▢▢	○	○

8.3.2 交通网

交通网是连接居民点之间的纽带，是居民点彼此之间进行各种政治、经济、文化、军事活动的重要通道，表示的具体内容分陆路交通和水陆交通。陆路交通包括铁路、公路及其他道路。水陆交通包括内河航线和海上航线。

小比例尺地图上铁路多用黑白相间的花纹表示，公路一般多以实线描绘。公路以下的低级道路在地形图上根据其主次分别用实线、虚线、点线并配合线号的粗细区分（表8-7）。

表 8-7 交通网的图示符号

铁 路		公 路	
双线铁路	▬▬▭▬▬	公路 6—铺面宽； 8—路面宽； 砾—辅面材料	砾6(8)
单线铁路	▬▬▭▬▬	简易公路、社间路 6—路面宽	6
车站及附属建筑物	机 洛林站 1—机车转盘；2—车挡；3—信号灯、柱； 4—天桥；5—站线	建筑中的公路 建筑中的简易公路 路标、里程碑、行树、狭长灌木 49—公里数	49
道路附属建筑物	1 2 3 4 1—凿洞；2—隧道；3—路堑；4—路堤	大车路、队间路 乡村路、田间路	
建筑中的铁路		小路	
窄轨铁路		时令路、无定路	
轻便轨道、缆车道		滑道	E E E
架空索道	●—●—●—●	拖拉机路	

　　内河航线一般表示通航河流的起讫点。海洋航线用蓝色虚线表示，近海航线沿大陆边缘用弧线绘出，远洋航线按两港口间的大圆航线方向绘出，注意绕过岛礁等危险区。

8.3.3　境界

　　普通地图上表示的境界包括政治区划界和行政区划界。政治区划界包括国与国之间的已定国界、未定国界及特殊的军事与政治分界。行政区划界，即一国之内的行政区划界，如我国的省、自治区、直辖市界；市、州、盟界；县、自治县、旗界。

　　政治区划界和行政区划界，必须严格按照有关规定标定，清楚正确地表明其所属关系。陆地国界在图上必须连续绘出。当以山脊分水岭或其他地形线分界时，国界符号位置必须与地形地势协调。

　　当国界以河流中心线或主航道为界时，应该通过国界符号或文字注记明确归属关系。当河流能依比例尺用双线表示时，国界线符号应该表示在河流中心线或主航道上，可以间断绘出；假如河流不能依比例尺用双线或单实线表示，或双线河符号内无法容纳国界符号时，可在河流两侧间断绘出。如果河流为两国共同所有，即河中无明确分界，也可以采用在河流两侧间断绘出的国界符号（图 8－10）。

　　行政区划界的表示原则同国界。地图上所有境界线都是用不同结构、不同粗细与不同颜色的点线符号来表示。主要境界线还可以加色带强调表示，色带的颜色和宽度根据地图内容、用途、幅面和区域大小来决定。

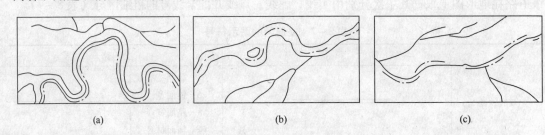

(a)　　　　　　　　　　(b)　　　　　　　　　　(c)

图 8－10　沿河分布的境界线的表示方法
（a）以河流的一侧为界；（b）以河流主航道为界；（c）以河流中心线为界

重要内容提示

1. 河流的表示；
2. 地形、地貌的表示；
3. 居民地的表示；
4. 交通网的表示；
5. 境界的表示；
6. 独立地物的含义及特点。

思 考 题

8－1 不同类型和等级的河流在线型上有哪些变化？

8-2 等高线表示地形有什么缺点，如何弥补？

8-3 植被的表示方法有哪些，如何配合使用不同的表示方法？

8-4 居民点的人口和等级分别如何表示？

8-5 陆地交通的等级如何表示？

9 地图制作过程

地图的获取方法包括实测成图和编绘成图两种方式。实测地图是用经纬仪、平板仪、摄影测量的方法制作的地图，分为白纸测图、全站仪自动成图、高空实测成图。白纸测图是用仪器在野外测量角度、距离、高差，作记录，作计算、处理，利用分度器、比例尺等工具，按图式符号展绘到白纸，又俗称模拟法测图。

当一个地区很大时，就可以利用航空摄影机在空中摄取地面的影像，通过内业判读进行数字化。

编绘地图是使用各种资料用编绘的方法制作的地图，主要包括地图设计、原图编绘、出版准备、地图印刷四个步骤。

9.1 地图设计

地图设计又称为编辑准备，它是地图制作的龙头，是保证地图质量的首要环节。地图设计包括确定地图的用途和要求（是地图设计的主要依据），确定地图的基本规格、内容及详细程度、表示方式和编图工艺。

确定地图的用途，如城市规划和管理；国防建设（如国防工程的规划、设计和施工）；军事训练；作战指挥；现代化的军事手段（如导弹飞行、卫星侦察等）；科学、文化、宣传教育的工具（如发现某些地理规律、地质普查、环境分析、地类变化监测）；旅游；天气预报、海浪预报等。

确定地图的使用对象，如土地局、交通局、规划局、公司选址等。

收集并分析评价制图资料。资料按形式分为地图资料、影像资料、各种相关统计资料和研究成果；按利用程度的不同，又分为基本资料、补充资料和参考资料。编图设计人员应根据制图的要求编写资料搜集目录清单，然后指派专人领取、搜集或购买所需资料并进行分类、编目建档。

对制图资料的政治性、现势性、完备性、可靠性与精确性进行分析研究，并确定资料的利用程度。

制图区域和制图对象的分析：深入分析研究制图区域的地理特征和制图对象的分布特点，恰当地对制图对象进行分类、分级，有效选择地图概括和表示方法，这样才能设计出高质量的地图产品，真实地模拟客观实际。

选择地图内容、地图投影和比例尺，确定表示方法、制图综合原则并选择制图工艺。

最后编写地图的设计文件。对于国家基本比例尺地图，可以参照国家颁发的《编绘规范和图式》标准文件，其设计工作相对简单一些，对于其他地图，其设计工作要复杂、困难得多。

9.2 原图编绘

编绘原图是原图编绘阶段的最终成果，它集中体现了新编地图的设计思想、主题内容及表现形式。它不是各种资料的拼凑，也不是资料图形的简单重绘。

编绘原图是根据地图用途、比例尺和制图区域的特点，将地图资料按编图规范要求，经综合取舍在制图底图上编绘的底图原稿。

原图编绘是地图编绘最关键的阶段。这一阶段的工作包括：在地图设计书的指导下，建立数学基础；转绘地图内容；在编绘底图上实施制图综合和图形描绘，最终获得编绘原图。

原图编绘的工作流程：编绘前准备→编绘数学基础→地图内容转绘→各要素的编绘→整饰与审核。

9.2.1 编绘前的准备工作

熟悉编图规范和编图大纲，熟悉编图资料，熟悉制图区域特点，准备编图材料。编图材料主要指制图的图版，聚酯薄膜或供制图的专用聚酯薄膜以及绘图、制图的工具与颜料等。

在地图编绘中，首先要对编图资料进行处理。一般需要对彩色地图上不适于照相的颜色进行加工，如对河流等蓝色线划描绘成深绿色或黑色，然后照相缩小晒蓝图，供拼贴用，同时根据选择或新设计的地图投影计算坐标网与图廓点，将地图内容从资料地图转绘到已展绘坐标网点与图廓点的图版上。

9.2.2 建立地图的数学基础

用传统技术编制地图时，建立数学基础是用直角坐标展点仪来展绘，或用自动绘图设备绘制地图的图廓点、控制点、图廓、经纬网或直角坐标网。

9.2.2.1 数据准备

A 图廓点的数量

由于高斯－克吕格投影的经纬线都是曲线，在我国的比例尺大于等于1:50万的地形图上，经线的曲率较小，其矢距小于0.15mm，可以用直线代替。南北图廓上曲率较大，在大于等于1:5万的地形图上才可看成直线，其他的要在南北图廓上增加图廓点数量，以折线代替弧线（表9-1）。

表9-1 图廓点数量

1:1万	1:2.5万	1:5万	1:10万	1:25万	1:50万
4	4	4	6	10	14

B 数据获取

图廓点的坐标值：可以从《高斯－克吕格投影坐标表》或由此衍生的《图廓坐标表》上直接查取，也可以通过计算机用高斯投影公式及相应程序直接计算获得。

控制点的坐标值：从大地控制点成果表或地图图历簿中抄录。

图幅的子午线收敛角：为使展点时，所展图廓位于图版的理想位置，必须考虑子午线收敛角的正负和大小，同时，为正确选择三北方向图，也要获取子午线收敛角的值。可在查取或计算图廓点坐标时一并获得。由于图上各点的子午线收敛角不同，一般取图幅中心点的子午线收敛角的值。依据该中心点的纬度和据本带中央经线的经差，从《高斯－克吕格投影坐标表》上查取。

图廓边长：对于一种固定的比例尺，在经差、纬差相等的情况下，纬度越低图廓边长越大。在相同纬度上，由于投影变形影响，离中央经线越远，其边长也越大。

图廓边长的尺寸在坐标表中列出了近似的尺寸和改正数两部分。近似尺寸是在假设没有投影变形的尺寸，是根据经差在指定的纬度范围内查取的数值。上下图廓的改正数也应以两端点的经差平均数为引数查取。

$$近似尺寸 + 改正数 = 图廓的理论尺寸$$

图廓边长是检查展点结果的理论依据。

9.2.2.2　展绘数学基础

A　用直角坐标展点仪展绘数学基础

在完成数据准备并确认无误后，即可进行数学基础的展绘工作。

展绘工作包括：整置仪器，安置图版，展公里网、经纬网交点、图廓点、控制点，检查，整饰等。

B　用自动绘图设备建立地图数学基础

首先绘制内图廓点，计算外图廓坐标，计算和绘制分度带（按地形图规定，加密的经纬线以经纬差各 1′ 为单位，在内外图廓间绘出 1.5mm），为此，须计算各加密分划点的坐标；然后计算和绘制本带公里网。

为解决相邻两带的相邻图幅拼接使用的困难，规定在一定的范围内要把邻带的直角坐标网延伸到本带图幅上。所以还要计算和绘制邻带公里网。

C　计算机地图制图中的数学基础选择

a　地图投影选择

在数字制图环境下，同样根据地图用途、制图区域的地理特征和形状等多种因素为新编图选择合适的地图投影。所不同的是，用户初选的地图投影，并不一定是最终成果的地图投影。通常只需令初选投影与资料图的投影一致，最终可利用制图软件方便地实现投影转换。

b　坐标系选择

坐标系由一组参数定义，参数包括坐标系名称、投影类型、基准面等，投影是其中一个参数，是坐标系的一部分。现有的许多 GIS 软件大多提供多种不同的坐标体系供选择，有的还需用户建立自己的坐标系。例如，在 Mapinfo 中，有 300 余个预定义坐标系，也可通过修改参数文件 Mapinfo. prj 来创建新的坐标系。该文件的分行记录了每个预定义坐标系的参数表：坐标系名称、原点纬度、标准纬线、方位角、比例系数等。

9.2.3　转绘地图内容

转绘地图内容是将制图资料按投影网格嵌贴在展绘好数学基础的图版上，从而完成不同地图投影之间的转换，获得供编绘用的底图。转绘方法有：

（1）照相转绘法：地图转绘的主要方法，适用于编图资料与新编图投影相同的地图图形。将经过标描的制图资料通过复照缩制成预定的比例尺，把蓝图按控制网点直接晒在图版上，获得供编绘用的底图。可以把四幅缩小的资料图拼晒在一块图版上。但如果一块图版上照相缩小拼接的图幅较多，也可分别单独晒成蓝图，然后按展绘的控制网点拼贴到图版上。照相转绘是先通过照相把制图资料上的全部内容先转移到新编地图图版上，然后再进行编绘。

（2）光学仪器转绘法：采用投影转绘仪或航测纠正仪将制图资料所需内容转绘到新编地图图版上。投影转绘仪可直接将资料地图进行转绘，而纠正仪则需事先复制成底片才能投影转绘。

光学仪器转绘、缩放仪转绘和网格转绘，都是边转边绘，即同时进行制图资料内容的转移与编绘。

（3）网格转绘法和目测转绘法：即根据图上已有的对应的点构建网格，在网格内用目测或不构建网格直接用目测同其他目标的相互关系进行转绘。这种方法只适用于局部的补充资料上相关内容的转绘。

9.2.4 制作编绘原图

编绘的过程，就是对地图内容各要素进行合理的选取和概括，并在图版上对各要素用能满足复照要求的颜色进行分别描绘的过程。

在编绘用的底图上对各要素进行制图综合并描绘出综合后的图形，进行必要的整饰就成为地图的编绘原图。编绘原图一般采取出版比例尺等大编绘，有时资料地图比例尺同新编地图比例尺相差过大，例如利用1:10万地形图编绘1:100万地形图或更小比例尺普通地图，则可采取过渡标描方法，即将内容作些取舍，简化处理，照相缩小晒黑图，拼贴过渡版，然后将过渡版按编图比例尺复照晒蓝，再行编绘。

编绘原图是制作印刷原图的根据，是决定地图质量的关键，应满足如下要求：

（1）地图内容要符合设计书的规定和要求；

（2）符号形状大小应符合图式规范，位置精确；

（3）注记的字体，大小要规范，位置恰当；

（4）线条描绘应清晰，图面清洁；

（5）图面配置和图外整饰要合理。

编绘原图虽然要保证内容的准确性和制图的精度，但其对线划、符号及字体只求准确定位，层次分明，不必过于要求绘图质量。然而，如果采取连编带绘（清绘）作业，则同时要求线划、符号与注记达到出版原图的要求和规定。为保证印刷出版质量，连编带绘通常为放大比例尺作图，若采取连编带刻（刻图法编绘），则必须按等大比例尺进行。

9.3 地图的出版准备

由于地图的编绘原图是多色手工描绘的，描绘时强调的是图形的科学质量，并不着意于线划质量，因而不适合直接用于出版印刷，为此需要根据编绘原图制作出线划水平高，适于照相、晒版用的出版原图及相应的分色参考图。这个介于原图编绘与地图印刷之间的阶段，由于其工作是为地图的出版印刷作准备，故称为出版准备阶段。该阶段的最终成果是出版原图（清绘或刻绘原图）。

出版原图的制作，一般是先将编绘原图照相制成底片，然后将底片上的图形晒蓝在图版、聚酯片基或刻图膜上，经过清绘或刻绘，并剪切符号与注记，制成出版原图。对内容复杂和难度较大的图幅，通常按成图比例尺放大清绘。制印时，再用照相方法缩至成图尺寸。

一版清绘：用于单色图和内容简单的多色地图，制版印刷时需复照和分色分涂。

分版清绘：用于内容复杂的多色地图，可减少制印时分涂的工作量，还需制作分色参考图，作为分版分涂的依据。

分色参考图：分为线划分色参考图和普染色分色参考图，通常用出版原图按成图比例尺晒印的蓝图或复印图来制作。

9.4　地图印刷

地图印刷工艺方案包括照相、翻版、分色、制版、打样、修版、印刷等环节。其目的是通过印刷的方法向地图读者提供大量复制的印刷地图。

在常规制图的条件下，印刷厂在接到出版原图后，需根据其类型制订制印工艺方案，这包括照相、翻版、分色、制版、打样、修版和印刷等工序。地图印刷使用单色或多色平版印刷机来完成。

9.5　计算机地图制图的基本过程

计算机地图制图是利用计算机及由计算机控制的输入、输出设备，通过制图软件进行数字化和数据处理。与传统制图相比较，计算机地图制图只是一种技术手段的变化，在制图资料的选择、地图比例尺和地图投影的确定、地图内容和表示法的确定、地图内容的制图综合指标等方面仍以传统的制图原理为基础。

9.5.1　地图设计

地图设计也称为编辑准备阶段。这一阶段的工作与传统的制图过程基本相同，包括根据地图的用途确定地图的制图资料，收集、分析评价编图资料，根据编图要求选定地图投影、比例尺、地图内容、表示方法等并按自动制图的要求做些编辑准备工作。

资料选择除考虑其内容外，还要顾及数字化的方法，并进行数字化的准备工作，如确定要素的分层、分色。

地图分层是数字地图重要的概念。也是编辑准备的一项重要工作。不同的图形要素类型具有不同的图形空间结构，所以应当将不同图形要素类型分为不同的图层存放。通过图形要素的分层可以方便地实现不同数字产品之间数据的"共享"，从而大大减小数字化作业量，同时也可保证地图数据的质量。

所以数字化一幅地图的分层往往需先确定图上的构成要素，如道路、地块、水域、地名等，然后明确各图形要素是以面状、线状还是注记方式表示。

根据地图的用途和特点，选定制图软件及需要进一步研究开发的内容，最后仍然是写出地图的设计书。

9.5.2 数据输入

数据输入即地图的数字化，这是获取数据的阶段，要将具有模拟性质的图形和具有实际意义的属性转化为计算机可接受的数字，以便由计算机存储、识别和处理。数字化的方法有手扶跟踪和扫描数字化两种。

9.5.2.1 数据源

数据源包括非电子数据源和电子数据源。非电子数据源包括图形数据源和文档数据资料、统计数据、资源清查数据、其他数据。

图形数据源主要是各种类型的纸质地图，如地形图、地理图、地图集和专题地图等，是数字地图制图的主要数据源。使用时必须通过某种数字化方式将它们转换为离散化的数据，才能用于数字地图制图。

文档数据资料数据源，指记录在纸质介质上的数据表或数字。

电子数据源主要包括数字地图数据、遥感影像数据、实测数据等形式。

数字地图数据能提供高质量的数据，在使用中不需要做大量的转换工作，需要转换的仅是地图要素的表示方法等。

遥感影像是数字地图制图的重要数据源，以数字影像为主。通过遥感影像可以快速、准确地获得各种专题信息，航天遥感影像还可以取得周期性的资料。但每种遥感影像都有自身的成像规律、变形规律，在应用时要注意影像的纠正、影像的分辨率、影像的解译特征等方面的问题。

实测数据是指从现场测量中直接获取的数据，以全球定位仪、激光测距仪、全站仪等为代表的现代测量工具可以直接与数据记录仪连接，将所测的大量位置、距离和方位数据储存在数据记录仪内，也可以直接存储在便携式计算机的硬盘上。

9.5.2.2 数据获取方法

数据的获取可以采用手扶跟踪数字化、自动扫描数字化、已有数据格式转换、手工录入（制图用的统计数据可直接用键盘输入计算机）、实测数据导入等多种方式。

由于两种数字化方式获得的数据可以相互转换，扫描方式正越来越多地受到重视。

9.5.3 数据处理和编辑阶段

数据处理和编辑是数字制图的核心工作。数字化信息输入计算机后要进行两方面处理：

（1）对数字化信息本身做规范化处理，按制图要求对图形进行改变，进行比例尺的变换，不同资料的数据合并归类，正确性检查如地图数据的检查、纠正，重新生成数字化文件，转换特征码和美观修饰等。

（2）为实施地图编制而进行的数据处理，包括地图数学基础的建立，不同地图的投影变换，对数据进行选取和概括，制图数据的分离与组合，地图图幅拼接，图幅裁切，各种专门符号、图形和注记的绘制处理。该处理过程相当于常规制图中的展绘数学基础、转绘地图内容和制图综合的过程。

地图的正确性检查就是对采集的各种地图制图数据，按照不同的方式方法对数据进行误差校正，编辑运算，清除数据冗余，弥补数据缺失，形成符合用户要求的数据文件格式。

9.5.3.1　矢量数据误差与错误的主要内容

矢量数据误差与错误的主要内容包括：

(1) 图形数据的不完整或重复；

(2) 图形数据位置不准确；

(3) 图形数据的比例尺不准确；

(4) 图形数据的变形；

(5) 图形数据与属性数据连接有误。

9.5.3.2　矢量数据的检查方法

(1) 目视检查：眼睛直接判别地图中的错误。

(2) 机器检查：用软件自带的一些查错功能。

(3) 图形套合检查：同比例尺的两幅图进行套合检查地图数据。

9.5.3.3　数据处理的基本方法

(1) 数据的修改编辑：删除、增加、修改、合并、分割、移动、匹配、接边等。

(2) 数据的基本处理：几何纠正、地图投影变换、地图比例尺变换、坐标系变换。

(3) 拓扑处理。

除此以外，数据处理还包括图幅拼接、逻辑一致性的处理、识别和检索相邻图幅、相邻图幅边界点坐标数据的匹配、相同属性多边形公共边界的删除、图幅裁剪、图形数据的压缩处理等方法。

下面以 MapGIS 为例，说明拓扑处理工作的步骤和方法（图9-1）。

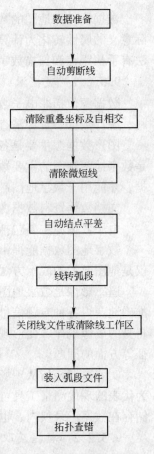

图9-1　MapGIS 软件数据处理流程

数据准备 → 自动剪断线 → 清除重叠坐标及自相交 → 清除微短线 → 自动结点平差 → 线转弧段 → 关闭线文件或清除线工作区 → 装入弧段文件 → 拓扑查错

9.5.4　图形输出

9.5.4.1　图形输出过程

制图数据经过计算机处理以后，变成了绘图机可识别的信息，以此驱动绘图机输出图形。图形输出首先是屏幕显示，用于在正式绘图前进行图形检查。

经过计算机处理后得到的符合编图目的的带有绘图指令的图形信息（绘图文件），可以驱动绘图装置，根据绘图指令从符号库中选配符号，得到可视化地图（模拟地图）。

最终的数字地图产品不仅包括各种分层的图形要素，还可能包括与图形相关的各类统计图表、图例乃至图片，所以需要将不同的图形窗口、统计图窗口和图例窗口在一个页面上妥善地安排，这就是图面的配置问题。地图输出功能设计一般包括输出设备类型、输出幅面、比例尺、黑白或彩色等参数的选择。

　　图形输出过程相当于常规制图中的出版准备过程。输出时可以输出到屏幕，也可以彩色喷墨绘图机打印，审核完后，可直接输出原色胶片，完成出版原图制作和分色的工作。

　　计算机制图的编绘与出版准备一体化系统应包括高精度的彩色/单色扫描机，用于地图设计和编绘的图形/图像工作站或高档微机、高质量的绘图机，胶片记录仪和胶片自动冲洗机等硬件设备，以及地图数据输入、地图编辑、矢栅转换、地图彩色设计和分色制版、地图数据库管理系统等系统软件。

9.5.4.2　实用的地图制图系统

　　GIS 系统用于制图时普遍缺少制图综合的软件，其图形的艺术表现力不够完美，且对制图规范和图式的细微处理方面也有差距。

　　一个典型的地图制图系统应当能完成电子地图、多媒体地图、网络地图、印刷地图等多种形式的地图制作与生产。

重要内容提示

1. 地图设计的主要内容；
2. 数学基础的建立；
3. 计算机地图制图与传统地图制图的异同；
4. 原图编绘的方法和要求。

思 考 题

9-1　计算机地图制图较传统的地图制图有了哪些变化？

9-2　地图数学基础的建立包括什么内容？

9-3　传统地图制图中地图内容是如何转绘的？

9-4　编绘原图和出版原图的区别是什么？

10 计算机地图制图

地图制图学是研究地图编制及其应用的一门学科。作为一门技术性学科，随着现代信息科学及计算机技术的发展，它正在向计算机地图制图方向发展。

从 20 世纪 50 年代开始，电子计算机技术引入地图学领域，经过理论探讨、应用试验、设备研制和软件发展，已形成地图学中一门新的制作地图的应用技术分支学科，即计算机地图制图学。计算机地图制图是根据地图制图原理，以电子计算机的硬、软件为工具，应用数学逻辑方法，研究地图空间信息的获取、变换、存储、处理、识别、分析及图形输出的理论方法和技术工艺，模拟传统的制图方法，进行地图的设计和编绘。计算机地图制图系统有三个组成部分：硬件、软件、数据。从一定意义上讲，计算机地图制图技术也可称为数字制图技术。

计算机地图制图是伴随着计算机及其外设的产生和发展而兴起的一门正在得到迅速发展的应用技术学科。它的诞生为传统的地图制图学开创了一个崭新的计算机图示技术领域，并有力地推动了地图制图学理论的发展和技术进步。

计算机地图制图已在普通地图制图、专题地图制图、数字高程模型、地理信息系统等方面得到广泛应用，成为地图制图学的发展趋势，得到了广大地图制图工作者和地图用户的高度重视。

10.1 计算机地图制图概述

10.1.1 概念

传统的地图制图技术经长期发展，已日臻完善和成熟。但是传统的地图制图技术存在很多弊端，如编制与生产难度大，生产成本高，周期长，制印技术复杂，专业性强；手工劳动占重要成分；地图产品种类单一，更新困难，不能反映空间地理事物的动态变化，信息难以共享等。因此，从 20 世纪 50 年代开始，计算机技术开始引入地图学领域，如今，计算机制图已成为地图学的重要分支学科——计算机地图制图学。

计算机制图技术与传统的制图方法大相径庭，特别是在地图信息的表达、传输和管理上，它完全建立在一种全新的格局上，即地图的计算机信息化。随着理论上的不断发展和创新，计算机地图制图已经可以代替传统的地图制图，实现了地图制图技术的历史性变革。

计算机制图者主要面对数据，所有制图资料必须变成计算机可接受的数字形式，制图过程实际就是对数据的编辑处理、管理维护和可视化再现的过程，数据是各制图环节的联结点。因此，从一定意义上讲，计算机地图制图也称为"数字制图"。但在含义上数字制图比计算机地图制图包括的范围大些。

10.1.2 计算机地图制图的产生和发展

计算机地图制图主要经历了三个发展阶段。

第一阶段：1950 年第一台能显示简单图形的图形显示器作为美国麻省理工学院旋风 1 号计算机的附件问世。1958 年，美国 Gerber 公司把数控机床发展成为平台式绘图机；Calcomp 公司研制成功了数控绘图机，构建了早期的自动绘图系统。1963 年麻省理工学院研制出了第一套人 – 机交互式计算机绘图系统。1964 年牛津大学首先建立了牛津自动制图系统。几乎同时，美国哈佛大学计算机绘图实验室研制成功了 SYMAP 系统——以行式打印机作为图形输出设备的一种制图系统。两者对计算机制图技术的发展作出了开创性的贡献。

第二阶段：20 世纪 70 年代，制图学家对地图图形的数字表示和数学描述、地图资料的数字化和数据处理方法、地图数据库、地图概括、图形输出等方面的问题进行了深入的研究，许多国家相继建立了软硬件相结合的交互式计算机地图制图系统，并进一步推动了 GIS 的发展。80 年代各类型的地图数据库和地理信息系统相继建立，计算机地图制图得到了较大发展和广泛应用。

第三阶段：20 世纪 90 年代，计算机地图制图技术代替了传统地图制图，从根本上改变了地图设计和生产的工艺流程，进入了全面应用阶段。各种地图制图软件得到了进一步完善，出现了制图专家系统，地图概括初步实现了智能化，形成了完整的电子出版系统。多媒体地图信息系统的设计成为计算机地图制图发展的重要方向。电子地图产品成为这一时期地图品种发展的主流和趋势，它也是多媒体地图信息系统的雏形。计算机制图技术已由原来的面向专家，转变为面向广大用户。现代地图制图技术吸取和融合了计算机辅助设计、数据库和图形图像处理等信息技术，形成了以桌面地图制图系统（desk top mapping system）为代表的高度集成的商品化软件，多种计算机出版生产系统在地图设计与生产部门得到广泛应用。

10.1.3 计算机地图制图的基本原理

计算机地图制图的核心就是通过图形到数据的转换，基于计算机进行数据的输入、处理和最终的图形输出。地图编制过程就是地图的计算机数字化、信息化和模拟的过程。在这个过程中，由于计算机具有高速运算、巨大存储、智能模拟和数据处理等功能，以及自动化程度高等特点，因此能代替手工劳动，加快成图速度，实现地图制图的全自动化。

计算机地图制图最主要的技术有：图数转化的数字化技术，生成、处理和显示图形的计算机图形学，数据库技术，地图概括自动化技术，多媒体技术等。

10.1.4 计算机地图制图的优势

计算机地图制图不是简单地把数字处理设备与传统制图方法组合在一起，而是地图制图领域内一次重大的技术变革。与传统的地图制图相比，计算机地图制图具有如下的优越性：

（1）易于编辑和更新。传统的纸质地图一旦印刷完成即固定成型，不能再变化；而数字地图是在人机交互过程中动态产生出来的，可以方便地根据地图用户的要求改变地图，以增加地图的适应性。例如，用户可以指定地图的显示范围，设定显示的比例尺并可以选择地图上出现的地物要素种类等。根据用户的指令，可以随时生成改编后的新地图。

（2）提高绘图速度和精度。计算机绘图显著提高了绘图的速度，缩短了成图周期，把制图人员从烦琐的手工制图中解放出来，同时也减少了制图过程中由于制图人员的主观随意性而产生的偏差。

（3）容量大，且易于存储。数字地图的容量大，一般只受计算机存储器的限制，因此可以包含比传统地图更多的地理信息。数字地图易于存储，并且由于存储的是数据，所以不存在传统地图中常见的纸张变形等问题，保证了存储中的信息不变性，提高了地图的使用精度。

（4）丰富地图品种。计算机地图制图增加了地图品种，可以制作很多用传统制图方法难以完成的图种，如坡度图、坡向图、通视图、三维立体图等。

（5）便于信息共享。数字地图具有信息复制和传播的优势，容易实现共享。数字地图能够大量无损失复制，并可以通过计算机网络进行传播。

10.2　计算机地图制图技术基础

10.2.1　计算机图形学

计算机图形学是研究如何应用计算机生成、处理和显示图形的一门新兴学科。1963年，伊凡·苏泽兰在麻省理工学院发表了名为《画板》的博士论文，它标志着计算机图形学的正式诞生。此前的计算机主要是符号处理系统，自从有了计算机图形学，计算机可以部分地表现人的右脑功能，所以计算机图形学的建立具有重要的意义。

计算机图形学的研究内容非常广泛，如图形硬件、图形标准、图形交互技术、光栅图形生成算法、曲线曲面造型、实体造型、真实感图形计算与显示算法，以及科学计算可视化、计算机动画、自然景物仿真、虚拟现实等。其中，如何利用计算机进行图形的生成、处理和显示的相关原理与算法，是计算机图形学的主要研究内容。

10.2.2　数据库技术

数据库中的数据，不仅包括反映事物数量的数值，还包括各种非数值的信息：文字材料、图形图像、声音等。

在许多应用场合，使用的数据有以下几个特点：数据量大；数据需要长期保存，反复使用；许多数据要被多个不同的用户共用。为了适应这些特点，数据必须集中起来以一定的组织方式存放在计算机的外存储器中，从而能以最佳的方式、最少的重复，为多种应用服务。这样组织起来的数据就是数据库。数据库和数据管理系统合起来，称为数据库系统。

10.2.3　数字图像处理

数字图像是以栅格阵列的像元数值来记录图像的。数字图像处理技术包括了对图像进行抽象、表示、变换等基础方法。图像处理的有效方法还有：图像增强与恢复、图像分割、图像匹配与识别、图像信息的压缩与编码、图像的二维与三维重建等。

10.2.4 多媒体技术

多媒体技术是 20 世纪 90 年代以来随着信息技术的发展而形成的一个领域。狭义的多媒体指的是文本、图像、图形动画、声音等多种可供传递的形式载体。多媒体的出现，拓宽了计算机处理信息的范围，提高了计算机处理信息的深度。

10.2.5 数字化技术

数字化技术主要包括数字化仪数字化和扫描数字化两种方式。

10.2.5.1 数字化仪数字化

数字化仪由电磁感应板和坐标输入控制器组成，是一种读取图形坐标数据的设备。用数字化仪采集空间数据是 GIS 最常用的数据采集方式。

数字化仪的类型有很多，常用的有平台式手扶跟踪数字化仪。手扶跟踪数字化仪由数字化仪平板、游标及电子线路组成，其平台的有效面积大小不等，常见的规格有 $900\text{mm} \times 1200\text{mm}$ 及 $1200\text{mm} \times 1800\text{mm}$，分辨率可达 0.025mm。

数字化仪平板实际上是一块电磁感应板，其表面平整光滑，在表面下的平板中有许多与 x、y 方向平行的印刷电路，呈规则网格状。游标又称鼠标，其内装有一个线圈，中间嵌有一个用于定位的十字丝。常用的有 4 键，乃至 16 键，每个键都可以赋予特定的功能。在进行数字化操作时，将图纸放在操作平台的有效范围内，移动游标到图上的指定位置，并将十字丝的中心对准所需数字化的点位，操作相应的按钮，此时线圈中会产生相应的磁场，从而使其正下方的印刷电路栅格上产生相应的感应电流。根据已产生电流的印刷电路栅格的位置，就可以判断出十字丝的中心定位点当前所处的几何位置。将这种位置信息以坐标 (x, y) 的形式传送给计算机，就实现了数字化的功能。

数字化仪的主要性能指标有：

(1) 有效面积。有效面积指能够有效地进行数字化操作的最大面积。有效面积一般从 $38.48\text{cm} \times 38.48\text{cm}$ （$12\text{in} \times 12\text{in}$） 到 $111.76\text{cm} \times 152.4\text{cm}$ （$44\text{in} \times 60\text{in}$），有多种配置可供选择。也可按工程图纸的规格来划分，如 A3、A2、A1 等。

(2) 分辨率。分辨率是指数字化仪的输出坐标显示值增加 1 个单位的最小可能距离。一般定位点的精度可达 $0.025 \sim 0.127\text{mm}$ （$0.001 \sim 0.005\text{in}$）。

数字化仪还提供多种操作模式供用户选择，如点方式、流方式、相对坐标方式等。这样，用户可方便地获取不同图形的坐标数据。

在利用数字化仪进行空间数据采集前，需要进行必要的设置。这些设置包括：连接好数字化仪、安装数字化仪驱动程序、定位器按钮和数字化方式的设置、数字化仪坐标系的设置、坐标数据文件的输出格式和传输方式等的设定。当这些设置完成后，可将预处理好的数字化底图用胶带纸固定在感应板上，当控制器放在感应板上时，控制器在感应板上的相对位置就转换成相对坐标传输给计算机，靠预先设置好的软件，传输给计算机的坐标可以光标的形式显示在图形显示器上，操作人员按动控制器上的按钮，坐标数据就记录在计算机中。在地图数字化时，必须强调注意选择合适的底图投影和建立适当的坐标系。之后进行坐标系的转换（图 10-1）。

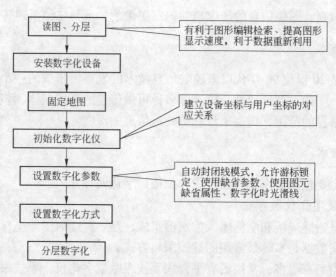

图 10 - 1   数字化仪数字化步骤

10.2.5.2 扫描仪数字化

扫描仪是将光学图像转化为计算机能识别的数字图像的仪器。利用扫描仪可将地图扫描成栅格图像并以文件形式存储在计算机中。

根据图形扫描仪所支持的颜色，扫描仪可分为单色扫描仪和彩色扫描仪。根据其所采用的器件分为 CCD 扫描仪、MOS 电路扫描仪等。

扫描仪的基本工作原理是：将照射原稿的光线，经过一组光学镜头投射到光敏器件上，再经过模 - 数转换器、数据存储器等，输入到计算机。在黑白扫描仪中，每个像元用 1 个二进制位来表示。而在灰度扫描仪中，每个像元有多个灰度层次，需要用多个二进制位表示。彩色扫描仪需要提取原稿中的彩色信息，其基本工作原理与灰度扫描仪的工作原理类似。

扫描仪的分辨率是指在原稿的单位长度上取样的点数，单位是 dpi，常用的分辨率为 300 ~ 1000dpi。扫描图像的分辨率越高，所需的存储空间就越大。

现在新型大幅面图形扫描仪可提供高分辨率、真彩色、近乎完美的图像效果，是一种快速图形、图像数据录入和采集的有效工具。例如 Evolution 3840 大幅面扫描仪扫描一张 A0 幅面的图纸仅需 15s，精度为 0.05%，失真率小于 0.1%。用户可在 800dpi 范围内任选扫描分辨率，可以按黑白二值或 256 级灰度方式扫描，可以边显示边扫描，并具有实时去污功能。地图扫描数字化得到的图像信息，可经过目标识别由栅格数据转换为矢量数据。

扫描仪数字化处理过程大致如图 10 - 2 所示：

（1）对扫描后的图像可进行手工编辑，去掉不需要的要素、杂点，对不清楚的地方做简单修补。

（2）由软件将栅格数据转换成矢量数据，同时进行灰度、颜色、符号、线型、注记等的识别，这一处理过程往往花费较多的计算时间。

（3）再由手工对转化后的矢量图进行编辑，使之符合 GIS 数据库的要求。

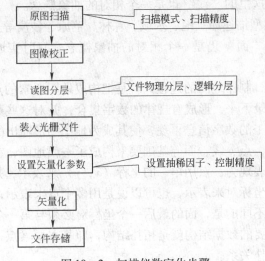

图 10 - 2　扫描仪数字化步骤

10.3　数字地图的数据结构

地图基本要素提供的可见的有形的"图"的信息，是表达地理信息的基本单元，我们称之为实体。地图实体和属性经转换后输入计算机，成为计算机可识别的图形和文本数据，就构成了数字地图。根据地图数据所反映的信息以及地图实体和属性的概念，可以将地图数据分为空间数据和非空间数据两种结构类型。

10.3.1　空间数据结构

空间数据对应于地图基本要素即实体，所以又称为几何数据。

在地图学中，把地理空间的实体分为点、线、面三种要素，分别用点状、线状、面状符号来表示。

将研究的整个地理空间看成一个空域，地理实体和现象分布在该空域中。按照空间特征，地理实体可分为点、线、面三种基本对象。对象也可能是由其他的对象构成的复杂对象，并且与其他的对象保持着特定的关系。每个对象对应着一组相关的属性，以区分出各个不同的对象。将空间要素嵌入在一个坐标空间之中，一般是欧氏空间，在该空间中可以利用公式进行距离、方位和面积的测量。空间要素在欧氏空间中主要形成点、线、面三类空间实体。

（1）点类型。点类型可以描述如城乡居民地、工厂、学校、医院、机关、车站、山峰、隘口等现象。这里的"点"是一个相对的抽象概念，即从较大的空间规模上来观测这些地物，就能把它们都归结为点状分布的地理现象。而如果从较小的空间尺度上来观察这些地理现象，它们中的多数将可以用一个面状特征来描述。例如同一个城市，在小比例尺地图上表现为点状分布，而在大比例尺地图上则可表现为面状分布，其内部表示了十分详细的城市街道分布状况。

（2）线类型。线类型描述如河流、运河、海岸、铁路、公路、地下管网、行政边界等线状分布的地理现象。这里的"线"也是一个相对的抽象概念。

（3）面类型。面类型描述如土地、水域、森林、草原、沙漠等具有大范围连续面状分布特征的现象。这里的"面"仍是一个相对的抽象概念，有时实地上不一定有明显的边界，通常称之为多边形。

从数字制图角度看，制作地图的过程，就是把构成地图要素的点、线、面以点的坐标 (x, y, z) 形式一一记录下来，形成有规律的数字集合，并对这些数字形式的图形信息进行处理，然后将经过加工的数字信息再现，使其成为地图图形输出的过程。

在地图代数中认为，点、线、面等基础要素构成了一幅地图，在数据组织形式上其中一种简单的矢量结构就表现为：点用单一的坐标 (x, y) 来表示，是地图基本要素中最基本的要素；线则用多个坐标对来表示，也可以说是用多个点来表示；面和线一样也是用多个坐标对来表示。与线不同的是，面的最后一个坐标对必须与第一个坐标相对应。

图形数据另一个重要的数据结构就是拓扑结构，即基本要素点、线、面、体之间具有邻接、关联和包含的拓扑关系。

图形数据的组织形式可以分为面向栅格单元、面向地理实体或以"层"的方式存取等不同形式。

面向栅格单元的组织形式是以不同层中对应于同一像元位置上的各属性值，表示为一个数组，具体格式为：记录号，行号，列号，属性值1，属性值2。

面向地理实体的组织形式是在同一层中，以多边形为记录顺序，记录多边形的属性值和组成多边形的各像元坐标。这种记录方式用于地图分析和自动化制图。

以"层"的方式存取是以"层"为基础，每层中以像元为序，记录其坐标和属性值，这种方式结构简单。

10.3.2　非空间数据结构

非空间数据主要包括专题属性数据、质量描述数据、时间因素等有关属性的语义信息，即描述地理现象或地理实体的定性或定量指标，如类型、等级、名称、状态等，因为这部分数据中专题属性数据占有相当的比重，所以在很多情况下直接称其为地图属性数据或非几何数据。地图数据库中的非空间数据组织模式有简单表格数据结构、层次数据结构、网络数据结构和关系数据结构。

属性数据中的定性或定量指标通常要经编码转换才能被计算机接受。为了方便计算机存储、管理和使用这些编码，需要研究统一的分类系统和编码。

10.4　空间数据库技术

计算机地图制图的数据库技术除一般意义上的属性信息外，还需要存储空间数据和各种多媒体数据，因此与传统的数据库技术有所不同。

10.4.1　空间数据特征

空间数据是指与空间位置和空间关系相联系的数据。每个空间对象都具有空间坐标，即空间对象隐含了空间分布特征，这意味着在空间数据组织方面，要考虑它的空间分布特征。除了通用性数据库管理系统或文件系统关键字的索引和辅关键字索引以外，一般需要建立空间索引。

空间数据具有非结构化特征。在当前通用的关系数据库管理系统中，数据记录一般是结构化的，即它满足关系数据模型的第一范式要求，每一条记录是定长的，数据项表达的只能是原子数据，不允许嵌套记录。而空间数据则不能满足这种结构化要求。若用一条记录表达一个空间对象，它的数据项可能是变长的，如一条弧段的坐标，其长度是不可限定的，它可能是两对坐标，也可能是 10 万对坐标。另外，一个对象可能包含另外的一个或多个对象，如一个多边形，它可能含有多条弧段。若一条记录表示一条弧段，在这种情况下，一条多边形的记录就可能嵌套多条弧段的记录。所以它不满足关系数据模型的范式要求，这也就是为什么空间图形数据难以直接采用通用的关系数据管理系统的主要原因。

空间数据除了前面所述的空间坐标隐含了空间分布关系外，空间数据中记录的拓扑信息也表达了多种空间关系。这种拓扑数据结构一方面方便了空间数据的查询和空间分析，另一方面也给空间数据的一致性和完整性维护增加了复杂性。特别是有些几何对象，没有直接记录空间坐标的信息，如拓扑的面状目标，仅记录组成它的弧段的标识，因而进行查找、显示和分析操作时都要操纵和检索多个数据文件方能得以实现。

一般而言，每一个空间对象都有一个分类编码，而这种分类编码往往属于国家标准，或行业标准，或地区标准。每一种地物的类型在某个 GIS 中的属性项个数是相同的。因而在许多情况下，一种地物类型对应于一个属性数据表文件。当然，如果几种地物类型的属性项相同，也可以多种地物类型共用一个属性数据表文件。

空间数据量是巨大的，通常称为海量数据。之所以称为海量数据，是指它的数据量比一般的通用数据库要大得多。

一个空间数据库的数据量可能达几十个 GB，如果考虑影像数据的存储，可能达几百个 GB。这样的数据量在其他数据库中是很少见的。正因为空间数据量大，所以需要在二维空间上划分块或者图幅，在垂直方向上划分层来进行组织。

10.4.2　空间数据库管理系统模式

由于空间数据的复杂性和特殊性，一般的商用数据库管理系统难以满足要求。这时，围绕空间数据管理方法，出现了几种不同的模式。

最初的地理信息系统采用文件系统管理数据，每个 GIS 应用都有自己的空间和属性数据文件，当某些数据文件被同时访问时，便被提取出来存放在一个公共数据文件中。

而后渐渐发展成用文件系统管理几何图形数据，用商用关系数据库管理系统管理属性数据，它们之间的联系通过目标标识或者内部连接码进行连接，这种管理模式称为文件与关系数据库混合管理系统。

目前很多大型软件如 Mapinfo、Arc/Info 都是采用这种结构。如 Mapinfo 利用 4 个文件来描述一个图层：MAP 文件用以存储空间图形数据，TAB 文件描述非空间数据结构，DAT 文件描述非空间数据值，利用 OID 文件建立两者的关联，其关系如图 10-3 所示。

就几何图形而言，由于 GIS 系统采用高级语言

图 10-3　文件－关系数据库

编程，可以直接操纵数据文件，所以图形用户界面与图形文件处理是一体的，中间没有裂缝。但对属性数据来说，则因系统和历史发展而异。早期系统由于属性数据必须通过关系数据库管理系统，因而图形处理的用户界面和属性的用户界面是分开的，它们只是通过一个内部码连接。导致这种连接方式的主要原因是早期的数据库管理系统不提供编程的高级语言如 Fortran 或 C 语言的接口，只能采用数据库操纵语言。这样通常要同时启动两个系统甚至两个系统来回切换，使用起来很不方便。后来通过 C、ODBC 与关系数据库连接，GIS 用户实现一个界面下同时处理图形和属性数据，称为混合处理模式。

最近几年，随着数据库技术的发展，越来越多的数据库管理系统提供高级编程语言如 Fortran 和 C 语言等接口，使得地理信息系统可以在 C 语言的环境下，直接操纵属性数据，并通过 C 语言的对话框和列表框显示属性数据，或通过对话框输入 SQL 语句，并将该语句通过 C 语言与数据库的接口，查询属性数据库，并在 GIS 的用户界面下，显示查询结果。这种工作模式，并不需要启动一个完整的数据库管理系统，用户甚至不知道何时调用了关系数据库管理系统，图形数据和属性数据的查询与维护完全在一个界面之下。

在 ODBC 推出之前，每个数据库厂商提供一套自己与高级语言的接口程序，GIS 软件商也要针对每个数据库开发一套与 GIS 的接口程序。在推出了 ODBC 之后，GIS 软件商只要开发 GIS 与 ODBC 的接口软件，就可以将属性数据与任何一个支持 ODBC 协议的关系数据库管理系统连接。文件管理系统的功能较弱，特别是在数据的安全性、一致性、完整性、多用户操作的并发控制以及数据损坏后的恢复方面缺少基本的功能。

鉴于以上弊端，GIS 软件商思考用商用数据库管理系统来同时管理空间和非空间数据，这包括全关系型空间数据库管理系统、对象－关系数据库管理系统、面向对象空间数据库管理系统。

全关系型空间数据库管理系统由 GIS 软件商在原数据库上进行开发，使之同时能管理空间和非空间数据。用关系数据库系统管理图形数据有两种模式：一种是图形数据按照关系数据模型组织，这种组织方式涉及一系列关系连接运算，相当费时，在处理空间目标方面的效率不高；另一种是将图形数据的变长部分处理成 Binary 二进制块 Block 字段。目前大部分关系数据库管理系统都提供了二进制块的字段域，以适应管理多媒体数据或可变长文本字符。GIS 利用这种功能，通常把图形的坐标数据，当做一个二进制块，交由关系数据库管理系统进行存储和管理。这种存储方式中，二进制块的读写效率要比定长的属性字段慢得多，特别是涉及对象的嵌套，速度更慢。

由于直接采用通用的关系数据库管理系统的效率不高，而非结构化的空间数据又十分重要，所以许多数据库管理系统的软件商纷纷在关系数据库管理系统中进行扩展，使之能直接存储和管理非结构化的空间数据，如 Ingres、Informix 和 Oracle、DB2 等都推出了空间数据管理的专用模块，定义了操纵点、线、面等空间对象的 API 函数。这些函数，将各种空间对象的数据结构进行了预先的定义，用户使用时必须满足它的数据结构要求。这种扩展的空间对象管理模块主要解决了空间数据的变长记录的管理，效率要比二进制块的管理高得多。但是它仍然没有解决对象的嵌套问题，空间数据结构也不能由用户任意定义。

在面向对象数据模型中，其核心是对象。空间对象是地面物体或者说地理现象的抽象，有两个明显的特征：一个是地物要素的属性特征，如道路、河流，一般对属性特征进行编码，国家也有一些空间要素的分类编码标准；另一个是几何特征，如大小、形状等，按几何特征可分为点、线和面。除此以外，还要用注记说明空间对象的性质、属性，称为注记对象。

面向对象模型支持变长记录、对象的嵌套、信息的继承与聚集，所以很适应于空间数据的管理。面向对象的空间数据库管理系统允许我们将空间对象根据 GIS 的需要，定义合适的数据结构（不带拓扑关系的数据结构或拓扑数据结构）和一组操作。

当前已经推出了若干个面向对象数据库管理系统，也出现了一些基于面向对象的数据库管理系统的地理信息系统，如 GDE、System 9、Small Word 等。武汉测绘科技大学开发的地理信息系统软件 GeoStar 从一开始设计就采用面向对象数据模型和面向对象技术。下面以 GeoStar 为例介绍面向对象数据模型。

在 GeoStar 的数据模型中，有四类空间实体对象：点、线、面、注记。它们可以看成是所有空间地物的超类。每个对象又根据其属性特征划分成不同地物类型。不同的地物类构成相应的地物层。地物层是逻辑上的，一个地物类可能跨越几个地物层。例如，一条通行的河流可以在交通层，也可以在水系层。

在地物层之上是工作区，若干个工作区组成一个工程。工作区是一个工作范围，包含该范围内的所有地物层，多个工作区可以相互叠加在一起。工程可以是一个城市、一个省，也可能是一个国家。

例如，通过"工程－工作区－行列"结构，便可唯一地确定 DEM 数据库范围内任意空间位置的高程。为了提高对整体数据的浏览效率，DEM 数据库采用金字塔层次结构和根据显示范围的大小来自动调入不同层次数据的机制。

10.5　计算机地图制图与地理信息系统

地理信息系统，英文为 geographic information system，缩写为 GIS。

地理信息系统与地图学密切联系。地理信息系统脱胎于地图，并在机助制图的基础上发展起来，图形处理是地理信息系统的重要内容，地图是地理信息系统中主要的空间数据来源，也是它最终输出的一种主要形式。所以，地图是地理信息系统的主要支撑。

计算机地图制图是地理信息系统的技术基础，它涉及地理信息系统中的空间数据采集、表示、处理、可视化甚至空间数据的管理。它们的主要区别在于空间分析方面：计算机地图制图系统具有强大的地图制图功能，而完善的地理信息系统可以包含计算机地图制图系统的基本功能，此外还具有丰富的空间分析能力，特别是对图形数据和属性数据进行深层次的空间分析能力。

10.5.1　地理信息系统概述

地理信息系统这个新兴思想于 1960 年由加拿大人诺基尔汤姆林孙提出，后来他建立了第一个 GIS——加拿大 GIS，之后的 30 多年里，迅速发展出一个新兴产业——地理信息产业，一个新兴学科——地理信息学或地球信息学。

10.5.1.1　地理信息系统的定义与组成

地理信息系统就是综合处理和分析空间数据的一种技术系统。它是以地理空间数据库为基础，在计算机硬件的支持下，对空间相关数据进行采集、管理、操作、分析、模拟和显示，并采用地理模型等分析方法，实时提供多种空间和动态的地理信息，为地理研究和地理决策服务而建立起来的计算机技术系统。

地理信息系统基本内容包括数据输入、数据管理、数据分析和处理、数据显示和输出。

地理信息系统由硬件、软件、数据、操作者组成。其中，硬件主要是计算机及其外部设备，如数字化仪、绘图仪和外存储器等；数据主要指各类空间数据、属性信息、影响资料、文字资料等；软件指机器运行所需的各种程序及有关资料。一个完整的综合性的地理信息系统软件一般应包括五个基本模块，即五个子系统：

（1）数据输入子系统；

（2）数据的预处理子系统；

（3）数据的存储与管理子系统；

（4）空间分析子系统；

（5）数据输出子系统。

10.5.1.2 地理信息系统类型

综合性地理信息系统：按全国统一的标准存储国家范围的各种自然和社会经济要素，比较重视整个系统的职能，而不偏重某一方面的应用。

区域性地理信息系统：以区域作为综合研究的目标，强调区域性，并突出某一个主体，为区域性的研究、管理和规划提供信息服务。

专题性地理信息系统：以某专业或某个问题作为研究对象，强调专业目标。

10.5.1.3 计算机数字地图制图与地理信息系统的关系

计算机地图制图与地理信息系统从它们的形成开始到一起发展至今，都是紧密联系在一起，有时很难区分。数字地图制图的目的是快速、精确地编制高质量的地图，而地理信息系统则是为地理研究和地理决策提供服务。它们在数据采集、处理、输出过程中的侧重点有所不同。

计算机地图制图是利用计算机及其输入输出装置，通过数据库技术和图形数字处理方法，来进行地图制图的工作。计算机地图制图的整个过程是以处理数字为主要内容，而这些数据载负了地图或地理信息的具体内容。有了完整、精确的地图数据库，就能借助于计算机的处理，提供查询、分析的评价制图信息，编成新的地图。

地理信息系统是将区域的资源与环境数字信息，按一定的数据结构存储到计算机中。在计算机软、硬件的支持下，实现对资源与环境信息的查询、检索、更新、综合分析评价及辅助决策应用的一套系统。

地理信息系统从建立到应用的各个环节，都需要计算机地图制图方法作为技术保证。地理信息系统建立前必须对各种数据进行收集与处理，而处理图形和文字等非数字信息时就要采用计算机地图制图中数字化的方法与原理。数据库建造中，从编码到建库都必须遵循一定的数据结构，数据与数据之间形成的关系等均需应用有关计算机地图制图的知识。建库后的数据管理和更新也必须借助数字地图制图原理。地理信息系统成果的图形输出，更需要运用计算机地图制图的图形输出方法。

10.5.2 专业型 GIS 软件

地理信息系统软件同时也是计算机地图制图的常用软件。国外的专业 GIS 软件主要有

Arc/Info、MGE、GENAMAP 等，国产 GIS 软件包括 MAPGIS、Geostar、SuperMap 等。

Arc/Info 是美国环境系统研究所开发的大型地理信息系统工具软件，是目前我国使用广泛的 GIS 软件。MGE（Modular GIS Environment）是全球最大的生产交互式图形计算机系统的公司 Intergraph 研发，为模块化的大型 GIS 软件，软件包括核心模块（MGNUC）、基本管理模块（MGAD）、基本图形模块（MGMAP）、制图分析（MGFN、MAPPUB）、拓扑空间分析（MGA）等多个模块。GENAMAP 是澳大利亚 GENASYS II 公司开发的 GIS 软件产品，系统由十个模块组成。

MAPGIS 主要由 MAPGIS 微机彩色地图编辑出版系统、MAP 库管理系统、空间分析系统组成，是中地数码集团的产品。吉奥之星（Geostar）由武汉测绘科技大学地理信息系统研究中心研制开发。SuperMap 由北京超图软件股份有限公司研发，专注于国土资源、电子政务和公众服务、房产管理、统计、军事与公安等领域的 GIS 应用系统开发。

下面以 Arc/Info 为例详细介绍软件的构成和功能。

Arc/Info 包括桌面软件 Desktop、数据通路 ArcSDE 和网络软件 ArcIMS。

桌面软件 Desktop 是 ArcView、ArcEditor 和 ArcInfo 三级桌面 GIS 软件的总称，三级软件共用通用的结构、通用的编码基础、通用的扩展模块和统一的开发环境。

从 ArcView 8 到 ArcEditor 8 再到 ArcInfo 8，功能由简单到强大。三级桌面 GIS 软件都由相同的应用环境构成：ArcMap、ArcCatatog 和 ArcToolbox。通过这三种应用环境的协调工作，可以完成任何从简单到复杂的 GIS 分析与处理操作，包括数据编辑、地理编码、数据管理、投影变换、数据转换、元数据管理、地理分析、空间处理和制图输出等。

除了 ArcView 8、ArcEditor 8 和 ArcInfo 8 三级桌面 GIS 软件之外，桌面软件 Desktop 还有若干可选的扩展模块（Extension Products），如 Spatial Analyst、3D Analyst、Geostatistical Analyst、AmPress、Publisher、StreetMap USA、StreetMap Europe、MrSIDEncoder 等。

ArcMap、ArcCatalog、ArcToolbox 是三级桌面软件 AreView、ArcEditor 和 ArcInfo 共同的三种应用环境，ArcMap 提供数据的显示、查询和分析，ArcCatalog 提供空间的和非空间的数据管理、生成和组织，Arctoolbox 提供数据转换。

ArcMap 是一个用于编辑、显示、查询和分析地图数据的以地图为核心的模块，包含一个复杂的专业制图和编辑系统。ArcMap 不仅可以看成是能够完成制图和编辑任务的 ArcEdit 和 ArcPlot 的合成，而且是类似 CAD 结构的智能化地图生成工具，是一个使用简单、功能强大的集成应用环境。ArcMap 提供了数据视图（Data View）和版面视图（Layout View）两种浏览数据的方法。数据视图和版面视图都能使用目录表（TOC）来管理数据。

ArcCatalog 是以数据为核心，用于定位、浏览和处理空间数据的模块，是用户规划数据库表，用于制定和利用元数据的环境。利用 ArcCatalog 可以创建和管理空间数据库。ArcCatalog 有两个主要的可视化组件，分别是显示内容列表的目录树和提供三种数据浏览方式的选项卡窗口。

目录树包含以特殊图标显示的 GIS 数据集，如 Coverages、Shapefiles、Raster Files 和 SDE 数据集，每一种数据集都有一个唯一的图标来表示。这意味着可以利用较少的时间查找和组织数据，利用较多的时间来创建地图，进行分析。

ArcToolbox 主要是用于完成数据转换、叠加处理、缓冲区生成和投影变换等空间数据分析的处理环境。ArcToolbox 包含数据管理工具集、空间分析工具集、数据转换工具集和用户自定义工具集。数据管理工具集管理 Coverage 的拓扑关系、图形投影和属性数据等。空间分析工具集包含叠加分析、缓冲区分析、统计分析、邻域分析和三维分析等大部分 GIS 的空间分析功能。数据转换工具集可以转换 Coverage、Grids 和 TIN 等大量 GIS 数据格式。用户自定义工具集可以让用户将常用的工具组合在一起，形成自己的工具集。

数据通路 ArcSDE 是在关系数据库管理系统（RDBMS）中存储和管理多用户空间数据库的通路。从空间数据管理的角度看，ArcSDE 是一个连续的空间数据模型。借助这一空间数据模型，可以实现用 RDBMS 管理空间数据库。在 RDBMS 中融入空间数据后，ArcS-DE 可以提供对空间和非空间数据进行高效率操作的数据库服务。

由于 ArcSDE 采用的是客户/服务器（Client/Server）体系结构，大量用户可同时并发地对同一数据进行操作。ArcSDE 还提供了应用程序接口（API），开发人员可将空间数据检索和分析功能集成到自己的应用工程中去。

网络软件 ArcIMS 是一个基于 Internet 的 GIS，借助 ArcIMS 可以建立大范围的 GIS 地图、数据和应用，并将这些结果提供给组织内部或 Internet 上的广大用户。

10.5.3   GIS 的空间分析

空间分析是地理信息系统的核心。空间分析是基于地理对象的位置和形态特征的一种空间数据分析技术，其目的在于提取和传输空间信息，并且这种技术也提供了提取和传输信息的能力。

10.5.3.1   GIS 二维分析

二维分析是指在二维空间中几何特征的分析，如空间量度、缓冲区分析、包含分析、网络分析等。

空间量度的内容包括线的长度、多边形的周长（周长越长，与外界越开放，接触度越高）、多边形的面积（分解成简单图形相加或是用积分办法求积）。地理基本要素之间的关系在二维地图中表现包括：

（1）点到点的距离：具有网络连通性的点到点的距离分析。

（2）点到线的最短距离：在组成线的点集合中寻找一个点，这个点到集合外点的距离最短。

（3）点到多边形的边的最短距离：在多边形的边的点集中找一个到集合外点距离最小的点。

（4）线与线的最短距离：两个点集任意成员的组合，求其中距离最短的一组组合。

缓冲区分析内容如下：

（1）点的缓冲区是求所有到点的距离在一定范围之内的点的集合。

（2）线的缓冲区是求所有到线的最短距离在一定范围之内的点的集合。

（3）多边形的缓冲实质就是作多边形轮廓的缓冲区，就是所有到多边形轮廓线的距离在一定范围之内的点的集合，其中相向一面的称为向内缓冲，相背一面的缓冲区称向外缓冲。

包含分析主要是指点、线、多边形之间的关系分析。

网络分析的主要用途就是选择最佳路径或选择最佳布局中心位置。网络的基本要素为：

（1）结点：网络中任意两条弧段的交点。

（2）连通路线或网线：具有一定的方向性。

（3）中心：网络线路中具有接收和发送物质流、信息流的结点点位。

（4）障碍：线路不具有连通性就是障碍。

网络的属性有：

（1）开销：在网络中为完成从一个结点到达另一个结点所需要付出的花费。

（2）资源需求：网络中与连通路线或链、中心等相联系的资源数量。

（3）资源容量：网络中各连通路线或弧段为满足各中心的需求，能够容纳或允许通过的资源量。

10.5.3.2 GIS 三维分析

三维分析主要指利用数字高程模型进行的一系列与高程相关的分析。数字高程模型是定义在二维区域上的一个有限项的向量序列，以离散分布的平面点来模拟连续分布的地形地貌的分布或其他地理现象的分布。GIS 三维分析主要有坡度分析、坡向分析、地形剖面分析。

10.5.4 GIS 应用与地图

地理信息系统是在地图数据库基础上发展起来的多维信息系统。地图是地理信息系统的基础信息源，地理信息系统的发展离不开地图，而地理信息系统技术的应用，促进了地图学和地图制图的许多传统观念和做法的改变。地图学正面临着从概念设计、工艺程序到实际应用的根本性革命，主要表现在以下几个方面：

（1）解决了地图数据的存储和可视化的矛盾。

（2）解决了大容量数据与高速查询之间的矛盾。

（3）大大提高了地图分析的灵活性，缩短了地图更新的周期。

（4）扩大了地图的应用范围及研究领域。

电子地图是地理信息系统和地图制作、应用相结合的产物，是一种数字化了的地图。电子地图可以存放在数字存储介质上，地图图形可以显示在计算机屏幕上，也可以随时打印输出到纸面上。电子地图有导航图、多媒体地图、遥感地图、网络地图等多种形式。

电子地图与纸质地图相比，具有许多优点：

（1）交互性。电子地图的数据存储与数据显示相分离，地图的存储是基于一定的数据结构以数字化的形式存在的。因此，当数字化数据进行可视化显示时，地图用户可以对显示内容及显示方式按自己的方式进行设置，如选择地图符号、颜色和宽度，确定要显示的内容；可以指定地图显示范围，自由组织地图上要素的种类和个数，根据需要进行查询、分析等，将制图过程和读图过程在交互中融为一体。不同的读者由于使用的目的不同，在同样的电子地图系统中可以得到不同的地图结果。

（2）无级缩放。纸质地图都具有一定的比例尺，一张纸质地图的比例尺是一成不变的。而在电子地图上可以随意进行放大缩小，且可以进行动态载负量调整，根据需要调整地图显示的内容和显示的详细程度，以满足应用的需求。

（3）动态性。纸质地图一旦印刷完成即固定成型，不再变化。电子地图则是使用者在不断与计算机的对话过程中动态生成的，使用者可以指定地图显示范围，自由组织地图上要素的种类和个数。因此，在使用上电子地图比纸质地图更灵活。电子地图的动态性表现在两个方面：1）用时间维的动画地图来反映事物随时间变化的真动态过程，并通过对动态过程的分析来反映事物发展变化的趋势，如植被范围的动态变化、水系的水域面积变化等；2）利用闪烁、渐变、动画等虚拟动态显示技术来表示没有时间维的静态现象。

（4）计算统计和分析功能。电子地图可以实现图上的长度、角度、面积等的自动化测量。通过电子地图人们可以查找各种场所、各种位置，分析出行的路线，发布信息，进行规划、科学研究等，广泛地应用在军事指挥、城市建设规划、农业管理及日常生活的方方面面。

（5）无缝拼接。电子地图能容纳一个地区可能需要的所有地图图幅，不需要进行地图分幅，所以是无缝拼接的。

重要内容提示

1. 计算机地图制图的优势；
2. 数字化技术；
3. 地理信息系统技术与地图制图的关系；
4. 空间数据库的模式；
5. 电子地图的特点。

思考题

10-1 数字化仪数字化的步骤是什么？
10-2 扫描仪数字化的步骤有哪些？
10-3 空间数据管理模式有哪几种，分别有什么特点？
10-4 常用的 GIS 软件有哪些？
10-5 GIS 可以进行哪些分析？
10-6 电子地图的特点有哪些？

11 遥感制图

遥感制图是指利用航空或航天遥感图像资料制作或更新地图的技术。其具体成果包括遥感影像地图和遥感专题地图。遥感影像因现势性强，可作为新编地形图的重要信息来源。

11.1 卫星影像地图概述

11.1.1 遥感的发展

遥感是在 20 世纪 30 年代航空摄影与制图的基础上，伴随电子计算机技术、空间及环境科学的进步，于 20 世纪 60 年代勃勃兴起的综合性信息科学与技术，是对地观测的一种新的先进技术手段。而也正是遥感技术的发展赋予了古老的地图学以新的生命活力，为地图制作提供了丰富多样的信息源，使地图学从内容到形式以及制作方法都发生了全新的变化。

遥感作为一种空间探测技术，至今已经经历了地面遥感、航空遥感和航天遥感三个阶段。

（1）地面遥感。地面遥感是把传感器设置在地面平台上，如车载、船载、手提、固定或活动高架平台等。1608 年，汉斯·李波尔赛制造了世界第一架望远镜，1609 年伽利略制作了放大倍数 3 倍的科学望远镜，从而为观测远距离目标开创了先河。但望远镜观测不能将观测到的事物用图像记录下来。对探测目标的记录与成像始于摄影技术的发展，并与望远镜相结合发展为远距离摄影。1839 年，达盖尔（Daguarre）发表了他和尼普斯（Niepce）拍摄的照片，第一次成功地把拍摄到的事物形象记录在胶片上。1849 年，法国人艾米·劳塞达特（Aime Laussedat）制定了摄影测量工作计划，成为有目的有记录的地面遥感发展阶段的标志。

（2）航空遥感。1839 年自世界上发明了照相摄影技术后，法国就有人曾试用拍摄的照片制作地形图。19 世纪 50 年代末、60 年代初，法国、美国相继利用气球拍摄出巴黎街道鸟瞰照片和波士顿街道照片。它们均是城市街道早期的原始资料。19 世纪 80 年代，英国、俄国和美国都曾有人通过风筝拍摄地景照片，90 年代还有人论述了用这些地物照片转换为正射投影，继而制作出地形图的方法。

（3）航天遥感。航天遥感是在地球大气层以外的宇宙空间，以人造卫星、宇宙飞船、航天飞机、火箭等航天飞行器为平台的遥感。航天遥感能提供地物或地球环境的各种丰富资料，如气象观测、资源考察、地图测绘和军事侦察等，在国民经济和军事的许多方面获得广泛应用。航天遥感是一门综合性的科学技术，它包括研究各种地物的电磁波波谱特性，研制各种遥感器，研究遥感信息记录、传输、接收、处理方法以及分析、解译和应用技术。航天遥感的核心内容是遥感信息的获取、存储、传输和处理技术。

11.1.2　遥感的概念与分类

　　遥感，简单地说，它的含义就是遥远的感知，通过非直接接触目标的方式，获取被探测目标的信息，并通过识别与分类，了解该目标的质量、数量、空间分布及其动态变化的有关特征。遥感技术是指从地面到高空对地球和天体进行观测的各种综合技术的总称，由遥感平台、传感仪器、信息接收、处理、应用等部分组成。

　　遥感平台主要有飞机、人造卫星和载人飞船。传感仪器有可见光、红外、紫外摄像机，红外、多谱段扫描仪，微波辐射、散射计，侧视雷达，专题成像仪，成像光谱仪等，并在不断地向多谱段、多极化高分辨率和微型化方向发展。各种传感仪器将记录到的数字或图像信息，通过校正、变换分解、组合等光学图像处理或数字图像处理后，以胶片、图像或数字磁带等方式提供给用户。用户在进行分析判读或在地理信息系统和专家系统支持下，制成专题地图或统计图表，为资源与环境的调查和动态监测，以及军事侦察等提供信息服务。

　　为了便于专业人员研究和应用遥感技术，人们从不同的角度对遥感进行如下分类：

　　(1) 根据遥感探测所采用的遥感平台不同可以将遥感分为：地面遥感，即把传感器设置在地面平台上，如车载、船载、手提、固定或活动高架平台等；航空遥感，即把传感器设置在航空器上，如气球、航模、飞机及其他航空器等；航天遥感，即把传感器设置在航天器上，如人造卫星、宇宙飞船、空间实验室等。

　　(2) 根据遥感探测的工作方式不同可以将遥感分为：主动式遥感，即由传感器主动地向被探测的目标物发射一定波长的电磁波，然后接受并记录从目标物反射回来的电磁波；被动式遥感，即传感器不向被探测的目标物发射电磁波，而是直接接受并记录目标物反射的太阳辐射或目标物自身发射的电磁波。

　　(3) 根据遥感探测的工作波段不同可以将遥感分为：紫外遥感，其探测波段在 $0.3 \sim 0.38\mu m$ 之间；可见光遥感，其探测波段在 $0.38 \sim 0.76\mu m$ 之间；红外遥感，其探测波段在 $0.76 \sim 14\mu m$ 之间；微波遥感，其探测波段在 $1mm \sim 1m$ 之间；多光谱遥感，其探测波段在可见光与红外波段范围之内。

11.1.3　遥感的特点及其应用领域

　　遥感信息的主要特点可以概括为以下几个方面：

　　(1) 宏观性和综合性。遥感用航摄飞机飞行高度为 10km 左右，陆地卫星的卫星轨道高度达 910km 左右，从而可及时获取大范围的信息。例如，一张陆地卫星图像，其覆盖面积可达 3 万多平方千米。这种展示宏观景象的图像，对地球资源和环境分析极为重要。

　　(2) 多波段性，且空间分辨率和时间分辨率越来越高。20 世纪 70 年代初美国发射的陆地卫星有 4 个波段（MSS），其平均光谱分辨率为 150nm，空间分辨率为 80m；80 年代的 TM 增加到 7 个波段，在可见光到近红外范围的平均光谱分辨率为 137nm，空间分辨率提高到 30m；2000 年后，出现增强型 TM（ETM），其全色波段空间分辨率可达 15m。法国 SPOT4 卫星多光谱波段的平均光谱分辨率为 87nm，空间分辨率为 20m，重复周期为 26 天；SPOT5 空间分辨率最高可达 2.5m，重复覆盖周期提高到 1～5 天。1999 年发射的中巴资源卫星（CBERS）是我国第一颗资源卫星，最高空间分辨率达19.5m。OrbView-3（轨道观察3号）和Quickbird（快鸟），其最高空间分辨率分别达1m和0.62m。

（3）获取信息的速度快。由于卫星围绕地球运转，从而能及时获取所经地区的各种自然现象的最新资料，根据新旧资料变化进行动态监测。例如，NOAA气象卫星每天能收到两次图像，Meteosat每30min获得同一地区的图像一次。

遥感技术的应用已经相当广泛，应用深度也不断加强。地球科学中的矿产勘查、地质填图等是较早应用遥感技术的领域。除此以外，在精细农业、林业、城市规划、土地利用、环境监测、考古、野生动物保护、环境评价、农业管理等各个领域也均有不同程度的应用。

（1）地质。包括地质找矿、岩性分类、地震和火山活动、地下水、反映地热信息等。在地面无植被覆盖的岩石裸露地区，利用不同岩石间光谱特性差异，可对岩性进行识别分类。地震和火山活动与断层有关，地下水也一般在断层中发现，热红外相片上也可反映地热信息。

（2）土地资源。利用不同分辨率的图像融合，增强空间分辨率和光谱特性，可以进行土地分布和面积统计，从而辅助不同类型的土地利用调查；利用不同时相的遥感图像融合处理，可以进行土地利用动态监测；利用高分辨率遥感影像，可以提高农业生产的效益；利用两个参数叶面积指数和植土比，分析反射光谱特性，可以进行农作物估产。

（3）城市规划和建设。利用高分辨率影像，可以动态监测和规划城市基础设施，工业、零售业分布，房地产规划，居民区分布，占用耕地等的情况。

（4）林业。利用遥感影像可以分析林木覆盖类型，进行城市园林绿化分析。

（5）线路工程。利用遥感影像分析地质构造和地质稳定性，可以辅助线路规划。

另外，利用热红外扫描影像，分析城市热岛分布和产生原因，进行城市热岛效应监测。可以研究地质构造，进行三维动态模型分析灾害，如滑坡，泥石流等。在军事上，借助微波和热红外特征可以揭露军事伪装，进行军事目标的识别。

11.1.4 遥感制图的信息源

编制地图必须要有空间数据，也就是地图的信息源，而遥感信息的判读与制图的目的，就是要从遥感图像上将经过概括化的地面信息提取出来，并将其典型特征用地图符号表示在二维平面上，以供人们去认识和识别图上所显示的离散化、特征化的信息。

（1）主要信息源。截至目前，世界各国已经发射的遥感卫星有数十种之多，如美国的陆地卫星（Landsat）、气象卫星（NOAA）、海洋卫星（Seasat），法国的SPOT卫星，日本的MOS卫星、JERS卫星、ADES卫星，欧空局的ERS卫星和印度的IRS卫星等。我国目前经常使用的信息源主要有美国的Landsat-TM、NOAA-AVHRR和法国的POT-HRV。

（2）空间分辨率及制图比例尺的选择。空间分辨率即地面分辨率，指遥感仪器所能分辨的最小目标的实地尺寸，也就是遥感图像上一个像元所对应地面范围的大小。由于遥感制图是利用遥感图像来提取专题制图信息的，因此在选择遥感图像空间分辨率时要考虑以下两点要素：一是判读目标的最小尺寸；二是地图成图比例尺。遥感图像的空间分辨率与地图比例尺有密切关系，空间分辨率越高图像可放大的倍数越大，地图的成图比例尺也越大。

（3）波普分辨率与波段选择。波普分辨率是由传感器所使用的波段数目，也就是选择的通道数，以及波段的波长和宽度所决定。各遥感器波普分辨率在设计时，都是有针对性的，多波段的传感器提供了空间环境不同的信息。以 TM 为例：

TM1 蓝波段：对叶绿素和叶色素浓度敏感，用于区分土壤与植被、落叶林与针叶林，以及近海水域制图。

TM2 绿波段：对无病害植物叶绿素反射敏感。

TM3 红波段：对叶绿素吸收敏感，用于区分植物种类。

TM4 近红外波段：对无病害植物近红外反射敏感，用于生物量测定及水域判别。

TM5 中红外波段：对植物含水量和云的不同反射敏感，可判断含水量和雪、云。

TM6 远红外波段：作温度图，植物热强度测量。

（4）时间分辨率与时相的选择。时间分辨率是指对同一地区遥感影像重复覆盖的频率。由于遥感图像信息的时间分辨率差异较大，因此，用遥感制图的方式反映某种制图对象的动态变化时，不仅要搞清这种制图对象本身变化的时间间隔或变化周期，同时还要了解有没有与之相对应的遥感信息源。同时还应该看到，时间分辨率和时相的选择，二者之间存在着非常密切的关系。只有具有较多种类的时间分辨率的遥感信息，才能比较容易地挑选出满足要求的理想时相，不会因为诸如气象等因素的影响而得不到所要求的时相信息。

11.1.5 卫星影像编图的种类

卫星影像编图，根据它的技术条件和线划的地理要素，可分为卫星影像镶嵌图、卫星影像图和卫星影像地图三种。

不另外进行影像的几何纠正，将多幅影像依像幅边框显示的经纬度位置，镶嵌拼贴而成的影像图，称为卫星影像镶嵌图，其像点误差相对于地面控制点大于 $1'$。在镶嵌图上，只注记出少量地理要素名称，如主要河流、主要山峰、县市以上居民点、铁路和主干公路的名称。影像镶嵌图的作用是提供空间位置的检索。

进行了影像平面位置的几何纠正和影像增强，图上绘制出较全面的地理要素，称为卫星影像图。

在卫星影像上，能够依据数字地面模型，进行共线方程纠正，有详细的地理要素的影像图，称为卫星影像地图。

卫星影像图的编制过程一般包括卫星数据的几何纠正、像元亮度的重采样、影像镶嵌、彩色合成、多种信息复合、矢量数据的符号化、图像的输出产品等几个方面，输出的主要形式是喷墨彩图、相纸图像和印刷品。

11.2 遥感制图方法

11.2.1 遥感制图的理论依据

11.2.1.1 地物成像机理

遥感信息是通过卫星遥感器对地球表面的各种物体所感受的能量，即包含太阳辐射能、地球与大气层放射能及其对太阳辐射的反射能量等。可见，地物成像是自然综合体复杂又集中的表征结果，是受区域、季节和太阳高度角等环境条件的影响而发生变化的。所以其内含有自然界的空间分布、时间因素及地物特征等信息。此种以光谱形式综合反映的图像，既具有事物的本质属性，又有地物间相互演绎概念。所以，图像解译过程中，不仅要研究其色调、形状和位置等直接标志，同时还需逻辑分析地物相关制约性之类的间接标志，以知识拓展信息的内涵，延伸其潜在属性。这就是遥感应用依据图像机理，投入知识的根本目的。

11.2.1.2 图像解译的基本参数分析

遥感信息的应用研究，投入地学、生物学知识是极为重要的，它是实现资源卫星应用系统及制图智能化的基本保证。

遥感应用背景参数，主要是指与图像研究目标信息有密切关系、对其成果质量与精度会产生至关重要的但并非直接影响的因素。

（1）图像信息应用对象与识别制图尺度。

遥感所获取的信息有些往往被"隐含"了，而且不同平台的遥感图像，其空间分辨率等可识别性和精度是有差异的，而用户使用的目的要求也是不同的，因此，应用时应视具体的研究对象和精度从地学特性分析，予以选取所需信息源，达到实用、经济的效果。遥感应用实践表明，不同平台遥感器所获取的图像信息，在遥感制图中其可满足成图精度的比例尺范围是不同的。

（2）图像识别分类的物候分析。图像地物的识别，进行物候期特性的分析是保证遥感图像制图质量的基础。其应用目的是增强图像的解像率，提高识别分类与成图的精度；同时利于资源与环境要素的动态分析。不同作物有其一定的物候期为影响生长、产量的关键期，这也是选取最佳时相图像的主要依据。它是识别分类精度的一个基本保证。但应指出的是，图像地物识别的最佳时相是随区域而变化的，因为同一种作物在各个地区的物候期是不同的。

（3）图像解译波段组合优化分析。对多光谱的选取，旨在适中有效地提取用户所需的信息。成像光谱技术的发展和应用、对专题制图的研究、波段的选择对地物的针对性识别有着更现实的作用。也就是说，对各光谱段的选取应视研究对象不同而有针对性地选择应用。

（4）图像识别目标的背景数据库建立。

图像识别背景参数的研究，是遥感专题分析与制图的基础。目标的背景参数研究，旨在辅助分类提高其精度，因为它们除了受主导因素的作用外，还受其他相关因子的影响。因此，针对地物目标，研究与其密切相关的因素，建立目标的背景数据库，在 GIS 的支持下提取背景库中的某些与目标相关的背景参数，进行综合分析，是一种有效的技术途径。这也是信息融合技术的发展趋势。

11.2.1.3 图像识别地学相关综合分析

深化遥感空间信息的地学研究，对资源分析管理、环境动态监测等具有重要的科学与经济意义。

区域地理环境中，各种自然景观、地理要素之间存在着相互依存、互相制约的关系，因此，在遥感应用中，运用地学相关综合分析，是开展深层次的图像分类研究的一种重要方法。

遥感区域参数的应用研究就是基于这个目的。因为，区域内诸地物要素的内在特征差异主要是由于各种地物区域环境条件的不同所致。所以，在建立地学、生物学模型时应考虑区域性主导的和相关的因素，其目的在于提出区域校正系数，应用于空间信息模型，以最大限度地提高遥感空间信息智能识别分类与制图的质量和精度。

地理相关研究含主导因素分析和相关分析。前者是从地理环境各要素的关系中找出主导因子，如在山区垂直地带，不同海拔高度的地貌条件是影响植被、土壤差异的主导因素，于是在遥感解译中，地形高度往往是用作解译的主要标志之一。诚然，这还需视地域环境条件而定，如黄土高原区，影响植被分布的主导因素应是降水。这里不难看出主导因子分析，旨在研究对象的空间地理特征与规律。相关分析也是图像解译常用的一种方法。在自然界中，事物与现象间的相互关系在图像上表现出地物信息的相关性。比如，根据地质线性构造、环形构造与矿产储存环境的关系，通过遥感地学相关分析可以预测矿区。可见，遥感图像专题的解译，首先应研究对象的空间分布规律，然后依据图像信息特征进行相关的景观结构分析。因此，遵循遥感地物构像的机理，开展各种辅助数据和区域参数的研究，是一种图像专题分析的有效方法。

（1）地理相关分析。自然地物的分布，在其相互存在相关性的同时还具有制约性。例如，山区的地物类型，因其辐射亮度受地形影响，分类时只需消除地形的影响因素，就能改善其分类精度；对垂直带地区的地物分类，如辅助于高程带数据，给出数字高程模型，就可明显地提高分类精度。因为，多维的空间地物缩小成平面的影像，某些被隐含的信息需借助于相关数据辅以识别分类。例如，山区的植被、土壤形成反映有一定的垂直地带性规律，而其除受非地带性的岩性、成土母质的影响外，还受垂直地带的植被分布的作用。所以，对山区土壤遥感分析与制图，必须注意其高程辅助数据的应用，以增强遥感图像专题要素的可分性。

（2）地理主导因子分析。根据区域分异规律和景观生态学理论，研究有关地物目标的成因特征信息参数，是归纳、演绎从地表现象描述到地理内在规律揭示，以至形成量化修正系数、表达模型，提高空间信息电子地图精度的一种重要方法。

因为每类地物的消长变化，都遵循一定的有序性地理熵规律和内在因果关系，因而将各种地物信息的波谱数据结合地学、生物学空间模型的区域参数研究，是遥感地学综合分析的理论基础之一。

11.2.2 遥感数字制图的方法

遥感制图包括遥感目视解译制图和遥感数字制图。前者是以传统分析方法为主。后者是利用计算机系统对遥感图像进行数值变换处理的制图方法和过程，它采用专用数字图像处理系统或通用计算机及其外围设备系统来实现，其主要环节包括遥感图像输入、数据预处理、图像识别分类、几何投影变换、影像图形输出等几个过程。

（1）遥感图像输入：是将计算机兼容数字图像磁带或遥感图像数字化输入计算机。

（2）数据预处理：通过图像的数值变换处理，使原始图像的亮度值重新分布，以提高图像的层次，增强影像特征，获取理想的应用图像。

（3）图像识别分类：应用系统的设计软件、识别模式分类算法，将整个图像依据训练控制样本划分为所需的制图地物类型。

（4）几何投影变换：对在遥感成像中因受系统的和非系统的误差影响所产生的畸变，建立起纠正的变换式，实现图像几何纠正，并选取适宜的地图投影，进行地面控制变换。

（5）影像图形输出：由计算机分析、增强等数值变换处理后的图像分类的图形信息，通过输出装置回放成图像软片。

遥感数字制图的应用领域较广，其中数字自动分类专题制图（如制作土地覆盖和土地利用图等）是遥感制图的重要领域。现代遥感器等技术的迅速进步，使遥感数字专题制图广泛应用到编制地形图及其他普通地图的领域。不少国家已利用环境遥感信息开展综合系列机助制图的研究，如在同一的遥感图像资料基础上所派生的成套地图，为自然要素的统一协调和综合制图，提供了技术保证。它将是遥感数字制图发展的一个主流。

利用地学编码影像技术是遥感数字制图的关键，也是提高数字分析制图质量和精度的重要保证。地理信息系统是遥感数字制图的技术基础。从数字图像制图发展的特点和趋势看，应以图像多因子综合分析为基础，人工智能专家系统为研究重点，促进遥感数字制图的标准化、规范化、模式化和自动化的深入发展。

11.3 遥感专题地图制图

11.3.1 目视解释的专题地图

11.3.1.1 影像预处理

影像预处理一般是指改正或补偿在成像过程中造成的辐射失真、系统噪声和随机噪声、几何畸变以及高频信息的损失。恢复处理的具体要求需由成像系统的特性来确定。包括遥感数据的图像校正、图像增强，有时还需要实验室提供监督或非监督分类的图像。

这里结合 MSS 图像的情况着重介绍辐射校正、几何校正、图像增强的方法。

A 辐射校正

（1）辐射校准。一个理想的成像系统产生的图像亮度值应该与地物的辐射率呈线性关系。但实际的传感器记录的灰度值、亮度值（或 DN 值）与地物的辐射率并不成直线关系，特别是反应曲线（或称光转换函数）的两端部分最为明显。位于整个亮度范围两端部分的地物辐射信息实际上是被压缩了，为了把这种歪曲了的关系恢复成理想的线性关系，就需要用反应曲线的逆函数乘上原来的 DN 值，得出校正了的 DN 值。这种对成像系统的反应特征的校正，一般称为辐射校准。

（2）消除坏线。某些图像上的部分扫描线或线段的亮度值不反映地物的辐射，与上下扫描线的亮度截然不同，通常称为坏线。其特点是：1）分布不规律，可稀可密，可长可短；2）数据趋向两端，或白或黑；3）这种扫描线的统计特征往往是方差及标准差显著增大。坏线应该在其他处理工作之前加以消除，否则会影响处理成果的质量。

消除坏线的方法一般是采用简单内插方法，即用其上、下相邻像元的亮度值的平均值来代替原来的值。为了使计算机能够识别坏线，可以由处理人员提供坏线的位置、长度，或者提供确定坏线的阈值，也可以采用按统计特征识别坏线的程序。

（3）大气校正。对图像进行大气校正指的是去掉由于大气散射作用造成的路径辐射。因而进行校正相当于从每个波段的图像亮度值中减去一个相应的代表大气影响的偏差值。最简便和常用的办法是根据直方图中的最小值情况进行校正。因为大气散射的影响在近红外波段中实际上近于 0，所以在 MSS7 或 MSS6 中亮度值为 0 的像元，在 MSS4 和 MSS5 中的亮度值就相当于要减去的偏差值。当第 7 或第 6 波段直方图最小值为 0 时，把其他波段的最小值也提到 0，就减去了大气影响。

（4）太阳角校正或补偿。通常主要考虑太阳高度角对亮度值的影响。在传感器位于天顶方向的情况下，补偿后的亮度值 DN' 与原来的亮度值 DN 的关系为 $DN' = DN\cos i$（i 为太阳天顶角）。这种校正或补偿，主要应用于比较不同太阳角（不同季节）的多日期图像。当研究相邻地区跨越不同时期的两幅图像时，为了使两个部分便于衔接或镶嵌，也可作太阳角校正。校正的方法是以其中一幅图像为标准，而校正另一幅图像，使之与参考图像相近似。

（5）影像的灰度一致化。在研究大区域时常常要将几张卫片拼接起来，由于影像不是同一时间拍摄的，天气、植被、日常条件均会发生变化，因而存在灰度状况不一致的问题。这样在做卫片的镶嵌图时，除了根据位置找出需要的图像以外，主要的问题是匹配图像的摄影密度和反差比，以制作均匀的镶嵌图。

常用的灰度一致化方法有两种：一种是等概率变换，它基于进行拼接的卫片都有重叠部分，等概率变换就是利用重叠部分灰度分布应相同这一点来进行的；另一种是线性灰度变换，它是在两张影像的重叠部分各取出相对应的几个点，并利用这些点建立线性回归方程，然后运用最小二乘法求线性方程系数的估计值，由此以其中一幅影像为标准，即可达到两幅图像的灰度一致化。

B 几何校正

几何校正可分为两种：

针对引起几何畸变的原因而进行的校正称为几何粗校正。例如，纠正陆地卫星 MSS 图像由于扫描同时受到地球自转影响而产生的偏斜，以及由于显著的地形起伏造成的随地而异的几何偏差。

利用地面控制点进行的几何校正称为几何精校正，也称为图像坐标变换，或称空间变换。这是一种投影性的校正，即把遥感图像转换到某种地图投影和另一种图像坐标上去，使各种遥感图像与地形图、土壤图、地质图等图件相配准，以便于解释和综合分析。

几何粗校正和几何精校正都有专门的算法和程序。一般情况下，我们得到的 CCT 磁带已经过几何粗校正处理。几何精校正则是利用地面控制点进行的，它通过地面控制点数据对原始卫星图像的几何畸变过程进行数学模拟，建立原始的畸变图像空间与地理制图用的标准空间（校正空间）之间的某种对应关系，然后利用这种对应关系把畸变图像空间中的全部元素变换到校正图像空间中去，从而实现几何精校正。校正空间在我国为高斯－克里格投影空间。通常通过直接转换和重采样技术实现这两个空间的转换。

11.3.1.2 目视解译的方法

经过建立影像判读标志，野外判读，室内解译，得到绘有图斑的专题解译原图。当选定了遥感图像后，在进行判读的过程中，通常采用下面的几种方法。

（1）直接判读。遥感图像上有许多影像特征，通过单张相片观察或像对立体观察，便可直接识别出来，如河流、居民点等，只要在比例尺适当的相片上都可以直接勾绘出它们的轮廓。

（2）比较判读。将已知对象在标准样片上的影像特征与相片上的影像特征进行对比研究。例如，通过色调和纹理特征的比较，可识别岩性和植被类型等。

（3）推理判读。运用相关分析的方法，通过间接的判读标志来推测判断地物的性质和类别。例如，通过不同的水系形式来识别不同的岩石类型。为提高推理判读的准确性，一般应采用多种证据或多种标志进行综合分析和相互验证，力求避免仅凭一种间接标志来推断。

（4）量测。用尺子或其他量测工具量出影像的尺寸、数量、方向和密度等数据，这是进行定量判读所需要的基本资料。

（5）验证。在相片判读工作的初期，为了建立判读标志，需要借助有关的图件资料和野外实况调查来检验地物的影像特征。对于那些难以识别的影像更需通过实地验证来确定其属性。验证是最可靠的判读方法，也是提高判读水平的重要途径，但只能有选择地进行验证工作。

11.3.1.3 目视判读的一般程序

目视判读遥感图像时，可根据任务、成图比例尺确定遥感图像的可判读程度，或以卫星图像为主航空相片为辅，或以航空相片为主卫星图像为辅，或者二者并重结合使用。判读工作主要在室内进行，也要作适当的野外判读工作。因各专业的性质及工作方法的不同，判读遥感图像的工作程序也有所差别。就一般而言，目视判读大体包括以下 5 个步骤：

（1）准备阶段。收集工作地区的各种航空相片和卫星图像资料，最好能制作相片平面图，以便于作整体分析和判读之用。必要时制作影像增强图像，以便取得一般目视判读方法所不能获得的信息。收集与任务有关的基本资料和图件，并对工作地区的自然地理和社会经济概况进行基本的了解。根据遥感图像资料的数量与质量，以及任务的要求和地区的情况，制订具体的工作计划，选定工作重点区，提出应采取的具体措施等。

（2）建立判读标志阶段。根据各种遥感图像资料的反复对比和综合分析，并与实际资料和实地情况进行对比和验证，建立各种地物在不同的遥感图像上的判读标志。要根据专题判读的要求，填写详细的判读标志登记表并认真选择各种遥感图像的典型样片，以供借鉴。

（3）初步判读阶段。根据各种遥感图像的直接和间接的判读标志，按先易后难、由此及彼、由表及里的判读过程，对整个地区或重点地区的遥感图像进行初步的判读，并绘制出相片判读草图。

（4）野外验证阶段。选择一些重点地段作地面路线调查，采集标本、样品，补充修改判读标志，验证各种类型的界线，着重解决疑难地区和有重要意义的问题判读是否正确，判读效果较好的地区，只需作少量抽样调查工作。有必要和有条件时，可以进行航空目测，进一步验证相片判读草图的质量。

（5）详细判读成图和编写报告阶段。经初步判读和野外验证后，对全区的相片进行全面判读，并将修正后的所有成果集中转绘到聚酯薄膜或相片平面图上，然后再一次对图面内容的合理性进行细致的分析，如发现有问题，需重新判读，甚至再作必要的野外验证，直到合乎客观实际为止。最后，将图面结构合理、界线可靠的全部判读成果，清绘成图，即为遥感图像的目视判读图。根据任务需要和判读的成果，编写总结报告，并对相片判读的情况和经验作必要的说明。

11.3.1.4 地图概括

按比例尺及分类的要求，进行专题解译原图的概括。专题地图需要正规的地理底图，所以地图概括的同时也进行图斑向地理底图的转绘。

11.3.1.5 地图整饰

在转绘完专题图斑的地理底图上进行专题地图的整饰工作，方法与一般的地图制图方法的地图整饰类似。

11.3.2 数字图像处理的专题制图

（1）影像预处理。同目视解译类似，影像经过图像校正、图像增强，得到供计算机分类用的遥感影像数据。

（2）按专题要求进行影像分类。提高计算机遥感数据的专题分类精度，是遥感制图研究的主要问题之一。20世纪80年代应用广泛的统计模式识别方法中，属于图像增强的有主成分变换、缨帽变换，属于图像分类的有最大似然判别、最小距离判别等方法。

1）主成分变换：是对图像实行的线性变换。经多光谱空间特定方向的旋转，变换时每一个矢量乘一个特殊的矩阵，使多光谱空间成为新的主分量空间。在图像处理中主要用于信息压缩和图像特征提取，突出地物类别。

2）缨帽变换：是对图像的又一种线性变换。将原始数据按波段分布的多维空间转换成与地物有关的三维空间。例如，针对土质亮度、土壤湿度和植被绿度的处理，既实现了信息压缩，又有助于分析农业生态特征。

上述变换为分类提供了高判别精度和压缩了近1/3的图像数据。

3）最大似然判别：属监督分类。依遥感数据的统计特征，假定各类别的函数呈正态分布，按正态分布规律用最大似然判别规则处理，得到较高正确率的分类结果。

4）最小距离判别：在有先验知识的前提下进行，用特征空间中训练样本的均值位置作聚类中心，比较被分类的像点，距离哪个类别中心最近，就判为哪一类。

这些模式识别的方法都是对影像光谱特征进行统计的结果。

（3）专题类别的地图概括。包括在预处理中消除影像的孤立点，依成图比例尺对图斑尺寸的限制进行栅格影像的概括。

（4）图斑的栅格/矢量变换。

（5）与地理底图叠加，生成专题地图。

11.3.3 遥感系列制图

系列地图，简单说就是在内容上和时间上有关联的一组地图。这里所讨论的系列地图，是指根据共同的制图目的，利用同一的制图信息源，按照统一的设计原则，成套编制的遥感专题地图。

地理底图的编制程序是：采用常规的方法编制地理底图时，首先选择制图范围内相应比例尺的地形图，进行展点、镶嵌、照相，制成地图薄膜片，然后将膜片蒙在影像图上，用以更新地形图的地理要素；经过地图概括，最后制成供转绘专题影像图的地理底图，其比例尺与专题影像图相同。

遥感系列制图的基本要求如下：

（1）统一信息源。遥感系列制图，要求采用同一地区、相关时相、同一波段组合的遥感图像，作为系列制图的信息源。只有这样，才能为系列制图建立相互协调的分类指标、分类系统和分类等级，提供共同的资料基础。这样做也必然为最后的统一协调工作，提供了一个相互都能沟通的依据。

由于专题内容的不同，判读和识别的对象不同，对遥感图像的波段和时相选择也各有不同。这完全可以根据各自的专题内容特点及判读识别的具体要求不同，自由选择波段（或波段组合）和时相。但必须要将判读或识别的结果，全部落实到各专题图共同使用的影像底图上。最终对影像底图上形成的专题影像图，进行统一协调工作。

（2）统一对制图区域地理特征的认识。在综合制图理论的指导下，各专题制图人员对制图区域的自然地理特征，如地带性规律、区域分异规律等，应该有统一的认识。这对提高专题制图水平，保证系列地图的统一协调是非常必要的。

（3）制定统一的设计原则。在系列制图的设计中，应该明确共同的影像基础（或称影像底图）、地理基础，制订统一协调的分类、分级原则和分类分级系统，以及相对应的图式图例系统；对各专题图幅规定统一的整饰原则。

（4）按一定的规则顺序成图。系列制图应该遵循先无机后有机、先自然后人文的成图序列。通常在系列制图开始时，应该先编制地理单元图或景观结构图，以便为后续的各专题图类型界线的确定起控制作用。有时也可以先编制地貌图，以地貌的类型界线作为控制其他专题类型界线的骨架。有的资源系列图，还可以用土地利用图作为控制其他资源图类型界线（森林、草地、耕地等）的基础。

重要内容提示

1. 遥感的概念和特点；
2. 影像地图的编制过程；
3. 用卫星影像编制专题地图的过程；
4. 影像的预处理；
5. 遥感的应用领域；
6. 遥感的分类。

思 考 题

11 – 1 遥感的平台都有哪些？

11 – 2 遥感的特点是什么？

11 – 3 遥感的信息源有哪些？

11 – 4 简述目视判读的一般程序。

11 – 5 影像统计模式识别和分类方法有哪些？

12 地图复制

公元 105 年蔡伦发明的造纸术以及 11 世纪中叶（北宋年间）毕昇发明的活字印刷术，是复制技术中关键性的创造。

地图是地理信息传递过程中的载体，无论是地图的编制者还是使用者，都要求将地图作品制作成大量高质量的复制品。印刷是复制的主要手段，包括原稿、印刷版、承印物、印刷油墨及印刷机械五大组成部分。完整的印刷过程，就是将地图原稿分为印刷要素与空白要素两大部分后，将印刷要素转移到印刷版，使用印刷油墨，通过印刷机械，最后出现在承印物上的过程。

印刷方式有凸版、凹版、平版及孔版四大类。其中，根据印刷版面上印刷要素与空白要素的相对位置，版面印刷部分（有图文要素）高于空白部分的为凸版印刷，低于空白部分的为凹版印刷，处于同一平面的为平版印刷。

12.1 传统复制方法

地图复制具有成图工艺复杂、要求精度和质量高的特点。目前，地图复制绝大部分运用平版印刷，有时在特殊需求下，也用丝网或其他简易的复制方法。

采用平版印刷地图的工艺程序包括：制版前准备、复照、拷贝、修版、晒版、打样与审校，最后进行印刷及印刷的后期工序。

（1）制版前准备。

进入制版工序前，应做好出版原图的检查及制印工艺的设计。出版原图是制作大量地图成品的基础，因此，必须检查是否忠实于作者原图的设计，并在内容与形式等各方面符合印刷与出版的要求。

出版原图按照制作的材料、色彩、版数、形式、与原图的比例关系等，分为许多种，如按照版数，有把全部要素集中在一块版上的一版清绘原图及按要素或按色彩分别表示的多版原图。

对出版原图的检查包括：图廓尺寸、图面的整洁情况、线划的黑度及粗细、刻图线划的均匀透明、注记的粘贴、普染色的准确完整。

（2）复照与拷贝。

将出版原图经过专用的摄制设备，获得符合印刷尺寸、可供制版用的图形或影像底片的工序称为地图复照。地图复照的专用摄制设备包括复照仪及其附属设备、感光材料，制作连续色调影像的网目屏，制作彩色分色用的滤色片等。

多色地图是用不同的色板套合在同一承印物上形成的。由于必须套合准确，因此不同的色版应具有同一块母版。在地图制印生产中，把出版原图经过复照所获得的底版分别制作成多色印刷所需要底片的过程称为底片复制，也称拷贝（或翻版）。

拷贝的目的是为了制作分色版。用复照底片或刻绘原图的方法，可以复制出多种形式的若干底片，其中包括正、反阴片和阳片，供修版时使用。

（3）修版与套拷。

修版包括消除由拷贝所获底片中各种缺陷、不足，以及对底版的分色分涂两方面工作。

底片中的缺陷与不足，主要指各种斑点、划痕以及线条断开、不通，或灰雾不清等。根据不同情况，对阴片或阳片采取涂盖、修刮、填补等方法予以消除。

对底版的分色分涂就是将底版上由两种以上不同色表示的地图要素，用修涂的方法只保留同一色的要素，去除其他色的过程。这道工序传统上完全由手工操作完成，工作量大，极易出错。自从以干版代替湿版翻拷工艺后，大部分已被刻图工艺所代替。

修版后的各种阴像底片齐全后，就可实施套拷。套拷就是把属于同一色的不同百分比密度的阴像普染版、线划版、注记版，通过拷贝机逐一精确定位在同一张感光胶片上进行拷贝，最终获得黄、红、蓝、黑四张阳像胶片。

（4）晒版。

把胶片上的图形、文字转移到供印刷用的金属版材上的工艺称为晒版。目前最常用的金属版材是预涂感光版，即 PS 版。

（5）打样与校核。

打样是制版工序中的最后一道工序。从出版原图开始到制成各色印刷版，每道工序都有可能出现缺点或问题，这在单色底版上要完全查清是困难的。因此，应在正式付印前通过打样获得彩色及其他类型的样图。打样为编图者提供了检查图面整体效果、进行审校的依据，也为制印者在印刷时对成品应达到的色彩要求提供了依据。

地图校核就是根据样图，与原稿进行核对，以检查在内容上有无错漏，色彩是否符合设计要求，注记及线划的规格、精度是否符合出版规定。发现问题，立即查明原因，并应在样图的四周或合适的位置一一标注清楚。

校样的改正，应针对样图上问题的原因及性质，寻找最有效、最合理的修改方法，逐一进行修改，必要时甚至要重新制版。重要的地图或地图集，在条件许可时，还会作第二次或更多次的打样，以保证成图质量。

（6）印刷及印后工序。

印刷是把校核后的印刷版，通过印刷机械及专用油墨印到承印物上的过程。

地图基本上都是通过平印取得的，而平印方法中，绝大多数又是通过胶印机进行印刷的。在胶印过程中，印刷版上的图文部分被涂上规定颜色的油墨，空白部分则被水浸润，然后通过一次橡皮胶布转印，把胶皮上的图文印在纸张等承印物上，获得这一种色彩的图形。多色地图需通过几次不同色版在同一纸张上的重复压印，最终套合成一张精美的地图。

12.2 彩色地图电子出版技术

彩色地图电子出版技术是 20 世纪 90 年代随着计算机和激光技术的进步而产生的新技术。彩色地图电子出版技术以数字原图为主要信息源，以电子出版系统为平台，使地图制图与地图印刷结合更加紧密；它将地图编绘、地图清绘和印前准备（包括复照、翻版、分涂）融为一体，给地图生产带来了革命性变化。

12.2.1　地图电子出版技术的特点

地图电子出版技术的特点包括：

（1）地图印刷前各工序的界限变得模糊。在过去手工制图过程中，许多工作需要受过专门训练的专业技术人员分别处理，如地图设计、地图编制、地图清绘、复照、翻版、分涂，而在地图电子出版系统中，这些工作可由同一个人来完成，并且各种操作可以交叉进行。

（2）缩短了成图周期。利用地图电子出版技术生产地图取消了传统手工制图和地图印刷工艺中的许多复杂的工艺步骤，大大地缩短了成图周期。它把地图编绘、地图清绘、复照、翻版、分涂等工艺合并在计算机上完成。对急需的少量地图，可用彩色喷绘方法获得。

（3）降低了地图制作成本。工艺步骤的简化，节省了材料、化学药品消耗；地图设计、制作一体化，减少了人力耗费；由于地图制作的印刷前各工艺步骤的操作全部在计算机上进行，减少了操作差错，降低了返工率；基本采用四色印刷，降低了印刷费用。

（4）提高了地图制作质量。

1）手工制图的复照、翻版、分涂等每道工序都会使地图的线划、注记、符号发肥、变形。

2）地图手工清绘的线划发毛、不实在，线划粗细不均匀，注记剪贴不平行、不垂直南北图廓，手工绘制的符号也不精致。

3）数字地图制作可以通过系统硬件解决套准、定位问题，消除了手工制图中因胶片拷贝导致的套准不精确问题。

（5）丰富了地图设计者的创作手法。过去制作地图彩色样张，由于靠手工制作，只能设计有限几个样张。现在可在计算机上制作地图彩色样张，即使制作多个样张也很容易实现。地图集的设色采用色彩数据控制，能确保颜色的统一协调。

在进行图面配置时，手工制图条件下不得不将做好的地图、照片、文字在图版上来回搬动；地图电子出版系统中进行图面配置时可在计算机上直接排版。

通过手工制图生产出来的地图立体符号很少，主要是因为手工制作立体符号较困难；现在计算机图形软件有立体符号制作功能，制作立体符号非常方便，立体符号、立体地形逐渐多了起来，光影、毛边、渐变色等特殊艺术效果在地图中经常出现。

（6）网络化结构。采用计算机网络技术可以实现地图信息的远程传输，而传统的地图是先印刷，后分发。数码印刷可以通过通信、网络技术先将地图数据直接传输给用户，然后再传输到印刷厂印刷。

（7）改变了传统地图出版的含义。地图电子出版系统的出现，扩大了地图出版领域，使出版物不再局限于地图印刷品，多媒体出版、网络出版将是今后出版的重要方式。

（8）地图容易更新和再版。为了充分发挥地图在国民经济建设中的作用，需要经常更新地图内容，再版新地图，保持地图现势性。这对于在计算机上操作来说，是一件轻而易举的事情。

12.2.2 地图电子出版系统的硬件构成

地图电子出版系统是以通用硬件和软件为基础构成的一种开放式系统。它以工作站或微机为核心，可以和各种输入、输出设备连接，加上相应的软件，集成满足地图电子出版要求的系统。

12.2.2.1 主机

主机是地图电子出版系统的核心。地图电子出版对主机要求较高，主要表现在处理速度、存储容量、输入输出速度等方面。主机外部的存储媒体主要有磁性媒体（包括软盘和硬盘）、光学媒体和磁光媒体。

12.2.2.2 输入设备

输入设备是指将文字、图形、图像信息输入计算机的设备。信息存储介质和存储方式不同，它们所需的输入设备也不同。存储在纸张或胶片上的地图原稿、照片、反转片，需要的输入设备是扫描仪；对于线划图形，可以用数字化仪。存储于光盘、软盘、硬盘上的数据信息，需要相应的驱动设备，如光盘驱动器、软盘驱动器。此外，数字相机也是一种图像输入设备。

12.2.2.3 输出设备

输出设备主要有打印机、激光照排机、直接制版机和数字式直接印刷机。

A 打印机

打印机按打印原理分为喷墨式、激光式和热感应式等几种。

彩色喷墨打印机是经济型的非击打打印机。最新彩色喷墨打印机的分辨率高达1440dpi，精度已达到激光打印机水平。新式彩色喷墨打印机有四个独立的打印头，分别打印 C、M、Y、K 四色。老式彩色喷墨打印机有两个独立的打印头，一个打印 C、M、Y 三色，一个打印 K 色。

彩色激光打印机采用的是电子照相技术，利用激光束扫描感光鼓，使感光鼓吸与不吸墨粉，然后再把吸附的墨粉转印到纸上。彩色激光打印机要用四个感光鼓完成打印过程，其图像印刷过程是：曝光、显影、转印、定影。

热转印式彩色打印机是利用打印头的发热元件加热，使色带上的固态油墨转到打印媒体上。它有四个与纸同样大小的色带，分别为 C、M、Y、K。热转印式彩色打印机打印质量高，速度快。

B 激光照排机

激光照排机的功能是将图文合一的数据通过激光记录到感光胶片上，输出分色胶片。激光照排机主要有外鼓式和内鼓式两种。

外鼓式激光照排机中，胶片吸附在滚筒外面，滚筒带动胶片转动，记录头水平移动，一圈圈进行曝光。记录头由丝杆控制移动。

内鼓式激光照排机中，胶片吸附在滚筒内壁上，滚筒中间有一个转镜，激光通过转镜反射到胶片上。记录时，转镜转动，同时移动，胶片静止不动。内鼓式激光照排机精度高，容易控制。

C 数字式直接制版机

数字式直接制版是指用电子的方法直接把地图数据传送到一定介质上制成可以直接上

机印刷的印刷版的过程。直接制版省去了胶片输出步骤，节约了成本，缩短了成图周期，提高了地图产量。

D　数字式直接印刷机

数字式直接印刷是直接把地图数据转换成印刷品的一种印刷复制过程，又称数字印刷。根据印刷工艺和机器性能不同，主要有无压印刷和有压印刷两种方式。

12.2.3　地图电子出版系统的软件构成

地图电子出版系统的软件除了系统控制外，主要用来进行图形图像处理、版面组版、图文输出等。

（1）字处理软件。字处理软件能够实现文本的输入和简单的页面编辑。由字处理软件产生的文件很小，能在不同的平台间传输。这类软件有 Microsoft Word，WPS 等。

（2）矢量图形处理软件。矢量图形处理软件具有图形绘制功能，能绘制直线、曲线、圆弧等；可喷涂、在封闭图形内按指定色均涂、对填充色进行半透明处理等；可编辑文稿并将文字作为图形进行自由加工；可设计制作、编辑图表；可在色彩层次和两个图形之间自动生成连续色调；可自动矢量化跟踪；可对图形进行任意的放大、缩小、旋转、反向和变形；可以最高分辨率将图形输出到激光照排机。常用软件有 CorelDraw，FreeHand，Illustrator，Microstation 等。

（3）图像处理软件。图像处理软件主要用于连续调图像的编辑和处理，包括色彩校正、图像调整、蒙版处理及图像的几何变化等。特种技能包括设置尺寸变化、清晰化和柔化、虚阴影生成、阶调变化等。Adobe 公司的 Photoshop 是最有影响的图像编辑、加工软件，用于版面制作、彩色图像校正、修版和分色等处理。

（4）彩色排版软件。这类软件用于将字处理文件、图形、图像组合在一起，形成整页排版的页面，并能控制输出。如专业排版软件 PageMaker 有文字编辑、图形图像编辑、拼版等功能。

（5）分色软件。这类软件主要用于处理彩色图像分色，一般有确定复制阶调范围、确定灰平衡、调整层次曲线、校正颜色、强调细微层次、限制高光、去除底色等功能，如 Aldus Preprint。

12.3　地图生产及出版的管理

12.3.1　影响地图生产成本的几个主要因素

地图设计的目的，是为了将原稿以一定的形式复制后，进入流通领域。因此，地图不但要精心设计、精心制作，还要尽可能降低制作成本。影响地图产品生产成本的因素主要包括：

（1）地图或图集的技术参数。参数的确定取决于地图编制的目的、用途、使用对象及内容。不适当地提高纸张规格、增加色彩数、放大地图开本、增加印数、追求豪华的装帧，都会提高地图成本。

（2）地图内容及地图设计。选择地图或地图集必须表示的内容进行编制，不追求地图内容的"大而全"。适当增加每幅地图上的内容负载量，不仅是高质量地图设计的要求，也可以降低地图成本。尽可能不采用文字与地图分页单排的方式，避免出现空白页，以提高有效成图面积百分比。

（3）制作程序。从所编地图的目的要求、设计及制印人员的专业素质、编图及制印的设备条件等，综合考虑出科学、合理的编图及制印工艺方案。

12.3.2 地图审校

地图是科学作品，不少内容还涉及政策及法规上的问题，必须通过反复细致的审校，把各类错误消除在正式付印之前。

地图审校的部门有设计及生产单位、出版单位、政府有关部门三方面。设计及生产单位的审校包括从地图资料收集处理直至印刷的全过程，主要是每一道工序的自校、前后工序的互校、上级部门的审校及验收。出版单位的审校主要包括对与出版事宜有关的工序进行质量把关。政府有关部门的审校包括：测绘管理部门对涉及测绘法规、规范的地图资料、内容、精度以及各类境界线的审校与验收；地名管理部门对各类地名的审校与验收。凡涉及重大政治问题，如国界线、陆地、岛屿、水域的归属等，还应送政府主管部门审批。

地图审校的主要依据是已形成的各种有关法规和规范，还包括地图学的基本理论和方法，有时也包括一些长期形成、约定俗成的规定，主要有《公开地图内容表示若干规定》（国家测绘局 2003 年 5 月 9 日发布）、《中华人民共和国地图管理条例》和《中华人民共和国地图编制出版管理条例》等。本书摘选了其中对国界、地名等内容的表示和审校的规定，详见附录。

12.3.3 地图著作权

《著作权法》第三条规定，本法所称的作品，包括以下列形式创作的文学、艺术和自然科学、社会科学、工程技术等作品：

（一）文字作品；

（二）口述作品；

（三）音乐、戏剧、曲艺、舞蹈、杂技艺术作品；

（四）美术、建筑作品；

（五）摄影作品；

（六）电影作品和以类似摄制电影的方法创作的作品；

（七）工程设计图、产品设计图、地图、示意图等图形作品和模型作品；

（八）计算机软件；

（九）法律、行政法规规定的其他作品。

地图、示意图等图形作品是正式列入著作权的范畴，受《著作权法》保护的科学作品。地图著作权不受侵犯，既体现了法律的严肃性，也促进了地图作品设计、生产的有序及健康发展，对开拓地图产品、活跃地图市场有重要作用。

著作权保护的作品都必须具备独创性，即能够反映作者独立创作的特性。受著作权保护的各类地图作品，必须是由作者经过创造性劳动完成的成果。被认定为拥有地图作品著作权的，在一般情况下只能是直接参与设计、编制的作者，如地图设计、原图编绘这两个阶段的作者。

　　基础资料与地理底图的提供者，如不继续参加地图的设计与编制，不能属于作者，地图的专业制印及出版人员也不属于作者。

　　地图作品在目前情况下，多数是完成本单位所制定的任务。作者从本单位取得资料、设备以及其他为地图设计与编制所必需的支持，属于职务作品。这类作品整体的著作权归本单位所有，但作者本人享有在作品上的署名权。

重要内容提示

1. 电子出版系统的工艺过程；
2. 影响地图生产成本的因素；
3. 地图著作权的内涵。

思 考 题

12-1 地图电子出版技术有哪些特点？

12-2 地图电子出版系统由哪些硬件构成，它们有哪些功能？

12-3 地图电子出版系统由哪些软件构成，它们有哪些功能？

12-4 简述传统地图复制的基本方法和步骤。

12-5 地图著作权和署名权的区别有哪些？

附　　录

《公开地图内容表示若干规定》（摘选）
（国家测绘局 2003 年 5 月 9 日发布）

第三条　公开地图和地图产品上不得表示下列内容：

1. 国防、军事设施，及军事单位；

2. 未经公开的港湾、港口、沿海潮浸地带的详细性质，火车站内站线的具体线路配置状况；

3. 航道水深、船闸尺度、水库库容、输电线路电压等精确数据，桥梁、渡口、隧道的结构形式和河底性质；

4. 未经国家有关部门批准公开发表的各项经济建设的数据等；

5. 未公开的机场（含民用、军民合用机场）和机关、单位；

6. 其他涉及国家秘密的内容。

第六条　中国国界线画法必须按照国务院批准发布的 1：100 万《中国国界线画法标准样图》以及根据该图制作的其他比例尺中国国界线画法标准样图绘制。中国地图必须遵守下列规定：

1. 准确反映中国领土范围。

（1）图幅范围：东边绘出黑龙江与乌苏里江交汇处，西边绘出喷赤河南北流向的河段，北边绘出黑龙江最北江段，南边绘出曾母暗沙（汉朝以前的历史地图除外）；

（2）中国全图必须表示南海诸岛、钓鱼岛、赤尾屿等重要岛屿，并用相应的符号绘出南海诸岛归属范围线；比例尺等于或小于 1：1 亿的，南海诸岛归属范围线可由 9 段线改为 7 段线，即从左起删去第 2 段和第 7 段线，可不表示钓鱼岛、赤尾屿岛点。

2. 正确表示中国国界线与地貌、地物、经纬线、色带等要素之间的关系，正确标注国界线附近的地理名称。

第七条　中国示意性地图必须遵守下列规定：

1. 用实线表示中国疆域范围，陆地界线与海岸线粗细有区别，用相应的简化符号绘出南海诸岛范围线，并表示南海诸岛以及钓鱼岛、赤尾屿等重要岛屿岛礁；

2. 用轮廓线或色块表示中国疆域范围，南海诸岛范围线可不表示，但必须表示南海诸岛、钓鱼岛、赤尾屿等重要岛屿岛礁；

3. 比例尺等于或小于 1：1 亿的，可不表示南海诸岛范围线以及钓鱼岛、赤尾屿等岛屿岛礁。

第八条　世界其他各国之间的界线，参照由国家测绘局认定的最新世界地图集表示。

第四章　有关省区及相邻国外地区地图

第十四条　香港特别行政区、澳门特别行政区表示规定：

1. 香港特别行政区界线必须按 1∶10 万《中华人民共和国香港特别行政区行政区域图》表示，比例尺等于或小于 1∶4000 万的地图可不表示其界线；

澳门特别行政区地图内容必须按 1∶2 万《中华人民共和国澳门特别行政区行政区域图》表示；

2. 在分省设色的地图上，香港界内的陆地部分要单独设色；

澳门自关闸以南地区和氹仔、路环两岛，要单独设色。比例尺等于或小于 1∶600 万时，可在澳门符号内设色；

3. 香港特别行政区、澳门特别行政区图面注记应注全称"香港特别行政区"、"澳门特别行政区"；比例尺等于或小于 1∶600 万的地图上可简注"香港"、"澳门"；

4. 香港城市地图图名应称"香港岛·九龙"；澳门城市地图图名应称"澳门半岛"；

5. 表示省级行政中心时，香港特别行政区、澳门特别行政区与省级行政中心等级相同；

6. 专题地图上，香港特别行政区、澳门特别行政区应与内地一样表示相应的专题内容；资料不具备时，可在地图的适当位置注明："香港特别行政区、澳门特别行政区资料暂缺"的字样。

第十五条　台湾省地图表示规定：

1. 台湾省在地图上应按省级行政区划单位表示；台北市作为省级行政中心表示（图例中注省级行政中心）。在分省设色的地图上，台湾省要单独设色；

2. 台湾省地图的图幅范围，必须绘出钓鱼岛和赤尾屿（以"台湾岛"命名的地图除外）；钓鱼岛和赤尾屿既可以包括在台湾省全图中，也可以用台湾本岛与钓鱼岛、赤尾屿的地理关系作插图反映；

3. 台湾省挂图，必须反映台湾岛与大陆之间的地理关系或配置相应的插图；

4. 专题地图上，台湾省应与中国大陆一样表示相应的专题内容，资料不具备时，必须在地图的适当位置注明："台湾省资料暂缺"的字样；

5. 台湾省的文字说明中，必须对台湾岛、澎湖列岛、钓鱼岛、赤尾屿、彭佳屿、兰屿、绿岛等内容作重点说明。

第十七条　有关地名注记表示规定：

俄罗斯境内以下地名必须括注中国名称，汉语拼音版地图和外文版地图除外：

1. "符拉迪沃斯托克"括注"海参崴"；

2. "乌苏里斯克"括注"双城子"；

3. "哈巴罗夫斯克"括注"伯力"；

4. "布拉戈维申斯克"括注"海兰泡"；

5. "萨哈林岛"括注"库页岛"；

6. "涅尔琴斯克"括注"尼布楚"；

7. "尼古拉耶夫斯克"括注"庙街"；

8. "斯塔诺夫山脉"括注"外兴安岭"。

其他地名表示：

1. 长白山天池为中、朝界湖，湖名"长白山天池（白头山天池）"注国界内，不能简

称"天池";

2. 西藏自治区门隅、珞瑜、下察隅地区附近的地名选取按 1∶400 万公开地图表示。

3. 香港特别行政区、澳门特别行政区、台湾省地名的外文拼写，采用当地拼写法。

《中华人民共和国地图编制出版管理条例》（摘选）
1995 年 7 月 10 日国务院令第 180 号

第六条　在地图上绘制中华人民共和国国界、中国历史疆界、世界各国国界，应当遵守下列规定：

（一）中华人民共和国国界，按照中华人民共和国同有关邻国签订的边界条约、协定、议定书及其附图绘制；中华人民共和国尚未同有关邻国签订边界条约的界段，按照中华人民共和国地图的国界线标准样图绘制；

（二）中国历史疆界，1840 年至中华人民共和国成立期间的，按照中国历史疆界标准样图绘制；1840 年以前的，依据有关历史资料，按照实际历史疆界绘制；

（三）世界各国国界，按照世界各国间边界标准样图绘制；世界各国间的历史疆界，依据有关历史资料，按照实际历史疆界绘制。

中华人民共和国地图国界线标准样图、中国历史疆界标准样图、世界各国间边界标准样图，由外交部和国务院测绘行政主管部门制定，报国务院批准发布。

第九条　编制地图，应当符合下列要求：

（一）选用最新地图资料作为编制基础，并及时补充或者更改形势变化的内容；

（二）正确反映各要素的地理位置、形态、名称及相互关系；

（三）具备符合地图使用目的的有关数据和专业内容；

（四）地图的比例尺符合国家规定。

参 考 文 献

[1] 蔡孟裔，等. 新编地图学教程 [M]. 北京：高等教育出版社，2000.

[2] 祝国瑞，等. 地图学 [M]. 武汉：武汉大学出版社，2004.

[3] 黄国寿. 地图投影 [M]. 北京：测绘出版社，1983.

[4] 李汝昌，王祖英. 地图投影 [M]. 武汉：中国地质大学出版社，1991.

[5] 宁津生，等. 现代大地测量理论与技术 [M]. 武汉：武汉大学出版社，2006.

[6] 张新长，等. 城市地理信息系统 [M]. 北京：科学出版社，2006.

[7] 廖克. 现代地图学 [M]. 北京：科学出版社，2003.

[8] 冯纪武，等. 遥感制图 [M]. 北京：测绘出版社，1991.

[9] 艾自兴，等. 计算机地图制图 [M]. 武汉：武汉大学出版社，2005.

[10] 尹贡白，等. 地图概论 [M]. 北京：测绘出版社，1991.

[11] 祝国瑞，等. 地图设计与编绘 [M]. 2版. 武汉：武汉大学出版社，2010.

[12] 罗宾逊，等. 地图学原理 [M]. 北京：测绘出版社，1989.

[13] 武汉测绘科技大学《地图制印》编写组. 地图制印 [M]. 2版. 北京：测绘出版社，1996.

[14] 史瑞芝，等. 地图数字出版 [M]. 北京：星球地图出版社，1999.

[15] 丛文卓，等. 彩色电子出版指南 [M]. 北京：星球地图出版社，1999.

[16] 焦健，曾琪明. 地图学 [M]. 北京：北京大学出版社，2005.

[17] 张荣群，等. 现代地图学基础 [M]. 北京：中国农业大学出版社，2005.

[18] 广东省地图出版社. 新世纪系列地图集 [M]. 广州：广东省地图出版社，2001.

[19] 何玉洁. 数据库基础及应用技术 [M]. 北京：清华大学出版社，2002.

[20] 国家测绘局测绘标准化研究所. GB/T 20257 国家基本比例尺地图图式 [S]. 北京：中华人民共和国国家质量监督检验检疫总局，中国国家标准化管理委员会，2006/2007.